普通高等教育"十二五"规划教材

数据库原理与应用

张丽娜　杜益虹　刘丽娜　主　编

涂嘉庆　周　苏　卢淑静　副主编

U0390902

化学工业出版社

·北京·

本书全面阐述了数据库系统的基本概念、理论、方法和技术。全书共 10 章，主要内容包括数据库系统基础、数据模型和概念模型、关系数据库、关系数据库标准语言——SQL、SQL Server 关系数据库、关系数据库理论、数据库设计、数据库保护、数据库技术的新发展，以及用于配合课堂教学的课内实践。

本书以培养具有高素质、高技能的应用型人才为目标，结合计算机、信息管理等相关专业课程群建设的专业培养目标，以职业能力培养为重点，从岗位出发，围绕"工学结合"的思路，结合本课程既有理论知识又有实用基础的特点，在内容上重点突出了"职业性、实践性、开放性"特点。本书集中了本课程组诸位老师近十余年的教学经验和教学成果，配有课后习题和实践部分的参考答案。

本书适用于计算机类专业的本科生、高职高专、专升本的学生使用，也可以作为大学各专业公共课教材和全国计算机等级考试——数据库原理与应用的参考书。

图书在版编目(CIP)数据

数据库原理与应用 / 张丽娜，杜益虹，刘丽娜主编.
北京：化学工业出版社，2013.6
普通高等教育"十二五"规划教材
ISBN 978-7-122-17355-3

Ⅰ.① 数…　Ⅱ.①张…　②杜…　③刘…　Ⅲ.①数据库
系统-高等学校-教材　Ⅳ.①TP311.13

中国版本图书馆 CIP 数据核字（2013）第 101187 号

责任编辑：王昕讲　　　　　　　　　　装帧设计：关　飞
责任校对：宋　夏

出版发行：化学工业出版社（北京市东城区青年湖南街 13 号　邮政编码 100011）
印　　装：大厂聚鑫刷有限责任公司
787mm×1092mm　1/16　印张 13¾　字数 339　千字　2013 年 8 月北京第 1 版第 1 次印刷

购书咨询：010-64518888（传真：010-64519686）　　售后服务：010-64518899
网　　址：http://www.cip.com.cn
凡购买本书，如有缺损质量问题，本社销售中心负责调换。

定　　价：30.00 元

前　言

数据库原理作为信息类专业的专业基础课程，如何从教材层面体现高素质应用型人才培养目标，成为了当前迫切需要解决的问题。为此，我们邀请长期工作在教学第一线的课程专业教师，在内容的选择、设计和实验文档的组织等方面都做了精心考虑和安排。参与本书编写的教师结合长期的教学实践，针对应用能力培养的目标，把实验实践环节和理论教学相融合，以实践能力培养促进理论知识的学习，有效地提高了课程的教学效果，所以本教材也是"数据库原理"精品课程组成员十余年教学改革和工作成果的总结。

本书遵循应用型人才培养目标，围绕"工学结合"教学理念，从计算机相关专业岗位群的调研出发，确定了数据库方面的专业技能，即数据库设计能力、应用能力和维护能力，归纳出了数据库技术的两条工作流：一是数据库的应用维护工作流，二是数据库的设计工作流，提取了工作过程中的典型工作步骤，界定了数据库的具体技能，从数据库的具体技能归纳出必须具备的数据库方面的原理知识和应用知识，以"原理够用，应用为先"为原则，对教学内容进行了设置。对原理知识部分中不常用又晦涩难懂的知识，诸如层次模型、网状模型、关系演算、关系模式的分解算法等内容进行了删减，增加了应用知识的篇幅，比如强化对关系数据库管理系统 SQL Server 和 SQL 语言的认识及运用。最终形成了以原理和应用两条主线共同支撑的教学内容，主要涵盖了数据库原理和应用两部分教学内容。

原理部分包括数据库的基本知识、概念模型和关系模型、关系数据库及理论、新型数据库技术发展。应用部分包括关系数据库标准语言（SQL）、数据库保护技术、SQL Server 关系数据库系统、数据库设计方法。

我们将为使用本书的教师免费提供电子教案和教学资源，需要者可以到化学工业出版社的教学资源网站 http://www.cipedu.com.cn 免费下载使用。欢迎登录本课程的精品课程网站 http://jpkc.wucc.cn/sql 下载相关教学资源和学习资料，本书还配有课后习题和实践部分的参考答案。

本书可作为信息类相关专业的本专科教材，讲授学时为 50～80 学时，教师可以根据学时、专业、培养目标和学生的实际情况选择。本书文字简明易懂、侧重工程实践、便于学生自学，也可以供从事数据库相关工作的科技人员参考学习。

本书的编写工作得到了温州市"数据库原理"精品课程建设项目的资助和支持，参与精品课程项目的张丽娜、杜益虹、刘丽娜、卢淑静、翁正秋、周苏、涂嘉庆等老师，都积极参与了本书的编写工作。由于编者水平所限，书中难免存在一些缺点，殷切希望广大读者批评指正。

编　者

2013 年 6 月

目　录

第一章 数据库系统基础

◆〉〉【知识目标】

- 了解数据库技术的发展；
- 理解三级模式结构；
- 掌握数据库、数据库管理系统、数据库系统等基本概念；
- 掌握数据库管理系统的功能与组成。

◆〉〉【能力目标】

- 能说出数据库技术发展的整个过程；
- 能表达出数据、数据库、数据库管理系统、数据库系统概念；
- 能够使用数据库系统的体系结构。

第一节 基 本 概 念

一、信息与数据

数据和信息是数据处理中的两个基本概念，它们具有不同的含义。

1. 数据

说起数据（Data），人们首先想到的就是数字。其实数字只是最简单的一种数据。数据的种类很多，在日常生活中数据无处不在，文字、图形、图像、声音……，这些都是数据。

为了认识世界，交流信息，人们需要描述事物。数据实际上是描述事物的符号记录。在日常生活中人们直接用自然语言（如汉语）描述事物。在计算机中，为了存储和处理这些事物，就要抽出对这些事物感兴趣的特征组成一个记录来描述。例如，在学生档案中，如果人们最感兴趣的是学生的姓名、性别、出生年月、籍贯、所在系别、入学时间，那么可以如下形式描述成雷明，男，1982，江苏，计算机系，2000。

数据与其语义是不可分的。对于上面这条学生记录，了解其语义的人会得到如下信息：雷明是个大学生，1982 年出生，江苏人，2000 年考入计算机系，而不了解其语义的人则无法理解其含义。可见，数据的形式本身并不能完全表达其内容，需要经过语义解释。

2. 信息

信息是一种重要的资源，一般认为，信息是关于现实世界事物的存在方式或运动状态反映的综合。例如，学生在多媒体教室上课，台风级别是 7 级等。

3. 数据处理

数据处理又称信息处理，是将数据转换成信息的过程，包括对数据的收集、存储、加工、检索和传输等一系列活动，其目的是从大量的原始数据中抽取和推导出有价值的信息，做各种应用。

我们可简单地用下列式子表示信息、数据与数据处理的关系。

信息=数据+数据处理

分析：数据可以形象地比喻为原料——输入；信息就像产品——输出；而数据处理是原料变成产品的过程。从这种角度看，"数据处理"的真正含义应该是为了产生信息而处理数据。

二、数据库

所谓数据库（DataBase，DB）就是存储数据的仓库。一般定义为：长期储存在计算机内、有组织的、可共享的、统一管理的数据集合。数据库中的数据按一定的数据模型组织、描述和储存，具有较小的冗余度，较高的数据独立性和易扩展性，并可为各种用户共享。

三、数据库管理系统

数据库管理系统（DataBase Management System，DBMS）是数据库系统中对数据进行管理的一组大型软件系统，它是数据库系统的核心组成部分。数据库的一切操作，包括查询、更新及各种控制，都是通过数据库管理系统进行的。

数据库管理系统是位于用户与操作系统之间的一层数据管理软件。

数据库在建立，运用和维护时由数据库管理系统统一管理、统一控制。数据库管理系统使用户能方便地定义数据和操纵数据，并能够保证数据的安全性、完整性、多用户对数据的并发使用及发生故障后的系统恢复。

目前常用的 DBMS 有 Oracle、MySql、Microsoft SQL Server、DB2、Sybase、FoxPro 和 Access 等。

四、数据库系统

数据库系统（DataBase System）是指在计算机系统中引入数据库后的系统构成，一般由数据库、数据库管理系统（及其开发工具）、应用系统、数据库管理员和用户构成。应当指出的是，数据库的建立、使用和维护等工作只靠一个 DBMS 远远不够，还要有专门的人员来完成，这些人称为数据库管理员（Database Administrator，DBA）。数据库系统如图 1-1 所示。

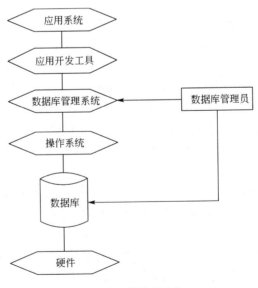

图 1-1　数据库系统

在不引起混淆的情况下人们常常把数据库系统简称为数据库。

数据库管理员（DataBase Administrator，DBA）在数据库管理中是极其重要的，是所谓的超级用户。DBA 全面负责管理、控制和维护数据库，使数据能被任何有使用权限的人有效使用。DBA 可以是一个人，也可以是几个人组成的小组。DBA 主要有以下职责。

① 参与数据库设计的全过程，决定整个数据库的结构和信息内容。

② 帮助终端用户使用数据库，如培训终端用户，解答终端用户在日常使用数据库系统时遇到的问题等。

③ 定义数据的安全性和完整性，负责分配用户对数据库的使用权和口令管理等，制定数据库访问策略。

④ 监督控制数据库的使用和运行，改进和重新构造数据库系统。当数据库受到损坏时，负责恢复数据库；当数据库的结构需要改变时，完成对数据结构的改变。

DBA 不仅要有较高的技术水平和较深的资历，还应具有了解和阐明管理要求的能力。特别对于大型数据库系统，DBA 极为重要。而常见的微型计算机系统往往只有一个用户，没有必要专门设置专职的 DBA，DBA 通常由应用程序员和终端用户兼任。

五、数据库技术

数据库技术是使用计算机管理数据的一门最新技术。数据库技术所研究的问题是如何科学地组织和存储数据，如何高效地处理数据以获取其内在的信息。使用数据库对数据进行管理是计算机应用的一个重要而广阔的领域。

第二节　数据库技术及发展

一、数据库技术的发展

数据管理是指如何对数据进行分类、组织、编码、储存、检索和维护，是数据处理的中心问题。随着计算机硬件和软件的发展，数据管理经历了人工管理、文件系统、数据库系统三个初级阶段和高级数据库阶段。数据库管理初级阶段的比较见表 1-1。

表 1-1　数据管理三个初级阶段的比较

		人工管理阶段	文件系统阶段	数据库系统阶段
背景	应用背景	科学计算	科学计算、管理	大规模管理
	硬件背景	无直接存储设备	磁盘、磁鼓	大容量磁盘
	软件背景	没有操作系统	有文件系统	有数据库管理系统
	处理方式	批处理	联机实时处理、批处理	联机实时处理、分布处理、批处理
特点	数据的管理者	人	文件系统	数据库管理系统
	数据面向的对象	某一应用程序	某一应用程序	现实世界
	数据的共享程度	无共享、冗余度极大	共享性差、冗余度大	共享性高、冗余度小
	数据的独立性	不独立，完全依赖于应用程序	独立性差	具有高度的物理独立性和一定的逻辑独立性
	数据的结构化	无结构	记录内有结构、整体无结构	整体结构化，用数据模型描述
	数据的控制能力	应用程序自己控制	应用程序自己控制	由数据库管理系统提供数据安全性、完整性、并发控制和恢复能力

1. 人工管理阶段

在 20 世纪 50 年代中期以前，计算机主要用于科学计算。当时的硬件状况是，外存只有纸带、卡片、磁带，没有磁盘等直接存取的存储设备；软件状况是，没有操作系统，没有管理数据的软件；数据处理方式是批处理。

人工管理数据具有如下特点。

（1）数据不保存

由于当时计算机主要用于科学计算，一般不需要将数据长期保存，只是在计算某一课题时将数据输入，用完就撤走。不仅对用户数据如此处置，对系统软件有时也是这样。

（2）数据需要由应用程序自己管理

应用程序中不仅要规定数据的逻辑结构，而且要设计物理结构，包括存储结构、存取方法、输入方式等。没有相应的软件系统负责数据的管理工作，因此程序员负担很重。

（3）数据不共享

数据是面向应用的，一组数据只能对应一个程序。当多个应用程序涉及某些相同的数据时，由于必须各自定义，无法互相利用、互相参照，因此程序与程序之间有大量的冗余数据。

（4）数据不具有独立性

数据的逻辑结构或物理结构发生变化后，必须对应用程序做相应的修改，这就进一步加重了程序员的负担。

人工管理阶段应用程序与数据之间的对应关系如图1-2所示。

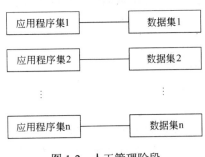

图1-2　人工管理阶段

2. 文件系统阶段

20世纪50年代后期到60年代中期，计算机的应用范围逐渐扩大，计算机不仅用于科学计算，而且还大量用于管理。这时硬件上已有了磁盘、磁鼓等直接存取存储设备；软件方面，操作系统中已经有了专门的数据管理软件，一般称为文件系统；处理方式上不仅有了文件批处理，而且能够联机实时处理，用文件系统管理数据具有如下特点。

（1）数据可以长期保存

由于计算机大量用于数据处理，数据需要长期保留在外部存储器上，反复进行查询、修改、插入和删除等操作。

（2）由专门的软件即文件系统进行数据管理

程序和数据之间由软件提供的存取方法进行转换，使应用程序与数据之间有了一定的独立性，程序员可以不必过多地考虑物理细节，将精力集中于算法。而且数据在存储上的改变不一定反映在程序上，大大节省了维护程序的工作量。

（3）数据共享性差

在文件系统中，一个文件基本上对应于一个应用程序，即文件仍然是面向应用的。当不同的应用程序具有部分相同的数据时，也必须建立各自的文件，而不能共享相同的数据，因此数据的冗余度大，浪费存储空间。同时由于相同数据的重复存储、各自管理，给数据的修改和维护带来了困难，容易造成数据的不一致。

（4）数据独立性低

文件系统中的文件是为某一特定应用服务的，文件的逻辑结构对该应用程序来说是优化的，因此要想对现有的数据再增加一些新的应用会很困难，系统不容易扩充。一旦数据的逻辑结构改变，必须修改应用程序，修改文件结构的定义。而应用程序的改变，例如，应用程序改用不同的高级语言等，也将引起文件的数据结构的改变。因此数据与程序之间仍缺乏独立性。可见，文件系统仍然是一个不具有弹性的无结构的数据集合，即文件之间是孤立的，不能反映现实世界事物之间的内在联系。

文件系统阶段应用程序与数据之间的关系如图 1-3 所示。

3. 数据库阶段

20 世纪 60 年代后期以来，计算机用于管理的规模更为庞大，应用越来越广泛，数据量急剧增长，同时多种应用、多种语言互相覆盖地共享数据集合的要求越来越强烈。这时硬件已有大容量磁盘，硬件价格下降，软件价格上升，为编制和维护系统软件及应用程序所需的成本相对增加；在处理方式上，联机实时处理的要求更多，并开始提出和考虑分布处理。在这种背景下，以文件系统作为数据管理手段已经不能满足应用的需求，于是为解决多用户、多应用共享数据的需求，使数据为尽可能多地应用服务，就出现了数据库技术，出现了统一管理数据的专门软件系统——数据库管理系统。用数据库系统来管理数据具有如下特点。

（1）数据结构化

数据结构化是数据库与文件系统的根本区别。在文件系统中，相互独立的文件的记录内部是有结构的。传统文件的最简单形式是等长同格式的记录集合。例如，一个学生人事记录文件，每个记录都有如图 1-4 所示的记录格式。

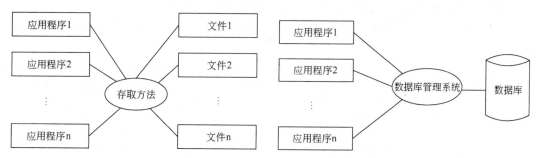

图 1-3　文件系统阶段应用程序与数据之间的对应关系　　图 1-4　数据库系统阶段程序与数据的关系

（2）较高的数据共享性

数据共享是指允许多个用户同时存取数据而互不影响，该特征正是数据库技术先进性的体现。主要包括 3 个方面：所有用户可以同时存取数据；数据库不仅可以为当前的用户服务，也可以为将来的新用户服务；可以使用多种语言完成与数据库的接口。

（3）较高的数据独立性

所谓数据独立是指数据与应用程序之间的彼此独立，它们之间不存在相互依赖的关系。应用程序不随数据存储结构的变化而变化，这是数据库一个最基本的优点。

在数据库管理系统中，对数据的定义和管理已经从应用程序中分离出来，通过数据库管理系统统一控制。

（4）数据由 DBMS 统一管理和控制

DBMS 加入了安全保密机制，可以防止对数据的非法存取。由于进行集中控制，因此有利于控制数据的完整性。数据系统采取了并发访问控制，保证了数据的正确性。另外，数据库系统还采取了一系列措施，实现了对数据库破坏后的恢复。

4. 高级数据库阶段

20 世纪 70 年代开始，数据库技术又有了很大的发展，并且不断与其他计算机技术相互渗透。数据库技术与其他学科的内容相结合，是新一代数据库技术的一个显著特征，涌现出各种新型的数据库系统。主要的标志是 20 世纪 80 年代的分布式数据库系统、90 年代的面向对象数据库系统和各种新型数据库系统。

（1）分布式数据库系统

随着地理上分散的用户对数据共享的要求日益增强，以及计算机网络技术的发展，在传统的集中式数据库系统基础上产生和发展了分布式数据库系统。

分布式数据库系统并不是简单地把集中式数据库安装在不同场地，用网络连接起来以便实现（这是分散的数据库系统），而是具有自己的性质和特征。集中式数据库系统中的许多概念和技术，如数据独立性的概念，数据共享和减少冗余的控制策略，并发控制和事务恢复的概念及实现技术等，在分布式数据库中有了不同的、更加丰富的内容。

（2）面向对象数据库系统

在数据处理领域，关系数据库的使用已相当普遍、相当出色。但是现实世界存在着许多具有更复杂数据结构的实际应用领域，如多媒体、多维表格数据和 CAD（计算机辅助设计）数据等应用问题，需要更高级的数据库技术来表达，以便于管理、构造与维护大容量的持久数据，并使它们能与大型复杂程序紧密结合。而面向对象数据库正是适应这种形势发展起来的，它是面向对象的程序设计技术与数据库技术结合的产物。

面向对象数据库系统主要有以下两个特点。

① 面向对象数据模型能完整地描述现实世界的数据结构，能表达数据间的嵌套、递归的联系。

② 具有面向对象技术的封装性（把数据和操作定义在一起）和继承性（继承数据结构和操作）的特点，提高了软件的可重用性。本书第九章将介绍面向对象数据库系统的发展状况。

（3）各种新型的数据库系统

数据库技术是计算机软件领域的一个重要分支，经过三十余年的发展，已经形成相当规模的理论体系和实用技术。但受到相关学科和应用领域（如网络、多媒体等）的影响，数据库技术的研究并没有停滞，仍在不断发展，并出现许多新的分支。例如，演绎数据库、主动数据库、时态数据库、模糊数据库、并行数据库、多媒体数据库、内存数据库、联邦数据库、工作流数据库、空间数据库等。感兴趣的读者可以查阅有关的书籍。

二、当代数据库研究的内容

当前，数据库研究的范围有以下 3 个领域。

1. 数据库管理系统软件的研制

数据库管理系统 DBMS 是数据库系统的基础。DBMS 的研制包括 DBMS 本身以 DBMS 为核心的一组相互联系的软件系统。研制的目标是扩大功能、提高性能和提高用户的生产率。

2. 数据库设计

数据库设计的主要任务是在 DBMS 的支持下，按照应用的要求，为某一部门或组织设计一个结构合理、使用方便、效率较高的数据库及其应用系统。其中主要的研究方向是数据库设计方法学和设计工具，包括数据库设计方法、设计工具和设计理论的研究，数据模型和数据建模的研究，计算机辅助数据库设计方法及其软件系统的研究，数据库设计规范和标准的研究等。

3. 数据库理论

数据库理论的研究主要集中于关系的规范化理论、关系数据理论等。近年来，随着人工智能与数据库理论的结合以及并行计算机的发展，数据库逻辑演绎和知识推理、并行算法等理论研究，以及演绎数据库系统、知识库系统和数据仓库的研制都已成为新的研究方向。

第三节　数据库系统的结构

考查数据库系统的结构可以从多种不同的角度查看，下面主要从 3 个方面来讲解数据库系统的体系结构、功能结构及模式结构。

一、数据库系统的体系结构

数据库系统的结构分为单用户结构、主从式结构、分布式结构和客户/服务器结构。

1. 单用户数据库系统

单用户数据库系统是一种早期的、最简单的数据库系统。在单用户系统中，整个数据库系统，包括应用程序、DBMS、数据，都装在一台计算机上，由一个用户独占，不同的机器之间不能共享数据。

例如，一个企业的各个部门都使用本部门的机器来管理本部门的数据，各个部门的机器是独立的。由于不同部门之间不能共享数据，因此企业内部存在大量的冗余数据。例如，人事部门、会计部门、技术部门必须重复存放每一名职工的一些基本信息（职工号、姓名等）。

2. 主从式结构的数据库系统

主从式结构是指一个主机带多个终端的多用户结构。在这种结构中，数据库系统，包括应用程序，DBMS、数据，都集中存放在主机上，所有处理任务都由主机来完成，各个用户通过主机的终端并发地存取数据库，共享数据资源。

主从式结构的优点是简单，数据易于管理与维护。缺点是当终端用户数目增加到一定程度后，主机的任务会过分繁重，成为瓶颈，从而使系统的性能大幅度下降。另外当主机出现故障时，整个系统都不能使用，因此系统的可靠性不高。

3. 分布式结构的数据库系统

分布式结构的数据库系统是指数据库中的数据在逻辑上是一个整体，但物理地分布在计算机网络的不同结点上。网络中的每个结点都可以独立处理本地数据库中的数据，执行局部应用；同时也可以同时存取和处理多个异地数据库中的数据，执行全局应用。

分布式结构的数据库系统是计算机网络发展的必然产物，它适应了地理上分散的公司、团体和组织对于数据库应用的需求。但数据的分布存放，给数据的处理、管理与维护带来困难。此外，当用户需要经常访问远程数据时，系统效率会明显地受到网络交通的制约。

4. 客户/服务器结构的数据库系统

主从式数据库系统中的主机和分布式数据库系统中的每个结点计算机是一个通用计算机，既执行功能又执行应用程序。随着工作站功能的增强和广泛使用，人们开始把 DBMS 的功能和应用分开，网络中某个（些）结点上的计算机专门用于执行功能，称为数据库服务器，简称服务器，其他结点上的计算机安装 DBMS 的外围应用开发工具，支持用户的应用，称为客户机，这就是客户/服务器结构的数据库系统。

在客户/服务器结构中，客户端的用户请求被传送到数据库服务器，数据库服务器进行处理后，只将结果返回给用户（而不是整个数据），从而显著减少了网络上的数据传输量，提高了系统的性能、吞吐量和负载能力。

另一方面，客户/服务器结构的数据库往往更加开放。客户与服务器一般都能在多种不同的硬件和软件平台上运行，可以使用不同厂商的数据库应用开发工具，应用程序具有更强的可移植性，同时也可以减少软件维护开销。

二、数据库管理系统的功能结构

1. DBMS 功能

由于不同的 DBMS 要求的硬件资源、软件环境是不同的，因此其功能与性能也存在差异，但一般说来，DBMS 的功能主要包括以下 6 个方面。

（1）数据定义

数据定义包括定义构成数据库结构的模式、存储模式和外模式，定义各个外模式与模式之间的映射，定义模式与存储模式之间的映射，定义有关的约束条件。例如，为保证数据库中的数据具有正确语义而定义的完整性规则、为保证数据库安全而定义的用户口令和存取权限等。

（2）数据操纵

数据操纵包括对数据库数据的检索、插入、修改和删除等基本操作。

（3）数据库运行管理

对数据库的运行进行管理是 DBMS 运行时的核心部分，包括对数据库进行并发控制、安全性检查、完整性约束条件的检查和执行、数据库的内部维护（如索引、数据字典的自动维护）等。所有访问数据库的操作都要在这些控制程序的统一管理下进行，以保证数据的安全性、完整性、一致性以及多用户对数据库的并发使用。

（4）数据组织、存储和管理

数据库中需要存放多种数据，如数据字典、用户数据、存取路径等，DBMS 负责分门别类地组织、存储和管理这些数据，确定以何种文件结构和存取方式物理地组织这些数据，如何实现数据之间的联系，以便提高存储空间的利用率以及提高随机查找、顺序查找、增、删、改等操作的时间效率。

（5）数据库的建立和维护

建立数据库包括数据库初始数据的输入与数据转换等。维护数据库包括数据库的转储与恢复、数据库的重组织与重构造、性能的监视与分析等。

（6）数据通信接口

DBMS 需要提供与其他软件系统进行通信的功能。例如，提供与其他 DBMS 或文件系统的接口，从而能够将数据转换为另一个 DBMS 或文件系统能够接受的格式，或者接收其他 DBMS 或文件系统的数据。

2. DBMS 的组成

DBMS 是许多程序所组成的一个大型软件系统，每个程序都有自己的功能，共同完成 DBMS 的一个或几个工作。一个典型的 DBMS 组成模块通常由以下几部分组成。

（1）语言编译处理程序

语言编译处理程序包括以下两个程序。

① 数据定义语言 DDL 编译程序。把用 DDL 编写的各级源模式编译成各级目标模式。这些目标模式是对数据库结构信息的描述，它们被保存在数据字典中，供数据操纵控制时使用。

② 数据操纵语言 DML 编译程序。它将应用程序中的 DML 语句转换成可执行程序，实现对数据库的查询、插入、修改等基本操作。

（2）系统运行控制程序

系统运行控制程序主要包括以下几部分。

① 系统总控程序：用于控制和协调各程序的活动，是 DBMS 运行程序的核心。

② 安全性控制程序：防止未被授权的用户存取数据库中的数据。

③ 完整性控制程序：检查完整性约束条件，确保进入数据库中的数据的正确性、有效性和相容性。

④ 并发控制程序：协调多用户、多任务环境下各应用程序对数据库的并发操作，保证数据的一致性。

⑤ 数据存取和更新程序：实施对数据库数据的查询、插入、修改和删除等操作。

⑥ 通信控制程序：实现用户程序与 DBMS 间的通信。

此外，还有事务管理程序、运行日志管理程序等。所有这些程序在数据库系统运行过程中协同操作，监视着对数据库的所有操作，控制、管理数据库资源等。

（3）系统建立、维护程序

系统建立、维护程序主要包括以下几部分：

① 装配程序：完成初始数据库的装入。

② 重组程序：当数据库系统性能降低时（如查询速度变慢），需要重新组织数据库，重新装入数据。

③ 系统恢复程序：当数据库系统受到破坏时，将数据库系统恢复到以前某个正确的状态。

（4）数据字典系统程序

管理数据字典，实现数据字典功能。在数据库中，DBMS 与操作系统、应用程序、硬件等协调工作，共同完成数据各种存取操作，其中 DBMS 起着关键的作用。

三、数据库系统的模式结构

1. 数据库系统的三级模式结构

数据库系统的三级模式结构是指数据库系统是由外模式、模式和内模式三级构成，如图 1-5 所示。

（1）模式

模式也称逻辑模式，是对数据库中全体数据的逻辑结构和特征的描述，是所有用户的公共数据视图，是数据库系统模式结构的中间层，不涉及数据的物理存储

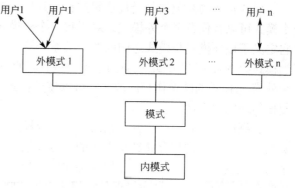

图 1-5　据库系统的三级模式结构

细节和硬件环境，与具体的应用程序，与所使用的应用开发工具及高级程序设计语言（如 C 语言）无关。

实际上，模式是数据库数据在逻辑级上的视图。一个数据库只有一个模式。数据库模式以某一种数据模型为基础，统一综合地考虑了所有用户的需求，并将这些需求有机地结合成一个逻辑整体。定义模式时不仅要定义数据的逻辑结构，例如，数据记录由哪些数据项构成，数据项的名字、类型、取值范围等，而且要定义与数据有关的安全性、完整性要求，以

及定义这些数据之间的联系。

（2）外模式

外模式也称子模式或用户模式，是对数据库用户（包括应用程序和最终用户）看见和使用的局部数据的逻辑结构和特征的描述，是数据库用户的数据视图，是与某一应用有关的数据的逻辑表示。

外模式通常是模式的子集。一个数据库可以有多个外模式。由于它是各个用户的数据视图，如果不同的用户在应用需求、看待数据的方式、对数据保密的要求等方面存在差异，它们的外模式描述是不同的。即使对模式中同一数据，在外模式中的结构、类型、长度、保密级别等都可以不同。另一方面，同一外模式也可以为某一用户的多个应用系统所使用，但一个应用程序只能使用一个外模式。

外模式是保证数据库安全性的一个有力措施。每个用户只能看见和访问所对应的外模式中的数据，数据库中的其余数据对他们来说是不可见的。

（3）内模式

内模式也称存储模式，是对数据的物理结构和存储结构的描述，是数据在数据库内部的表示方式。例如，记录的存储方式是顺序存储、按照 B 树结构存储还是按 HASH 方法存储；索引按照什么方式组织；数据是否压缩存储，是否加密；数据的存储记录结构有何规定等。一个数据库只有一个内模式。

2. 数据库的二级映像功能与数据独立性

数据库系统的三级模式是对数据的三个抽象级别，它把数据的具体组织留给 DBMS 管理，使用户能逻辑地、抽象地处理数据，而不必关心数据在计算机中的具体表示方式与存储方式，而为了能够在内部实现这三个抽象层次的联系和转换，数据库系统在这三级模式之间提供了两层映像：外模式/模式映像和模式/内模式映像。正是这两层映像保证了数据库系统中的数据能够具有较高的逻辑独立性和物理独立性。

模式描述的是数据的全局逻辑结构，外模式描述的是数据的局部逻辑结构。对应于同一个模式可以有任意多个外模式。对于每一个外模式，数据库系统都有一个外模式/模式映像，它定义了该外模式与模式之间的对应关系。这些映像定义通常包含在各自外模式的描述中。当模式改变时（例如，增加新的数据类型、新的数据项、新的关系等），由数据库管理员对各个外模式/模式的映像作相应改变，可以使外模式保持不变，从而应用程序不必修改，保证了数据的逻辑独立性。

数据库中只有一个模式，也只有一个内模式，所以模式/内模式映像是唯一的，它定义了数据全局逻辑结构与存储结构之间的对应关系。例如，说明逻辑记录和字段在内部是如何表示的。该映像定义通常包含在模式描述中。当数据库的存储结构改变了（例如，采用了更先进的存储结构），由数据库管理员对模式内模式映像作相应改变，可以使模式保持不变，从而保证了数据的物理独立性。

习　　题

一、填空题

1. 数据库的英文缩写是_____，数据库管理系统的英文缩写是_____，数据库系统的英文缩写是_____。

2．数据库管理系统是专门用于管理数据库的计算机系统_____。

3．数据库是长期存储在计算机内的有组织，可共享的数据_____。

4．数据管理技术经历了：_____、_____、_____三个发展阶段。

5．简单地说，数据库系统中包括硬件、_____和_____。

6．数据库系统中担任系统日常维护工作、保证系统正常运行的角色称为_____。

7．数据库的模式结构有_____级，分别包括外模式、_____、_____。

8．三级模式结构通过_____来建立联系，同时也保证了数据独立性，从而保证了应用程序的相对独立性。其中数据独立性包括_____独立性和_____独立性。

9．外模式/模式映像，保证的是数据的_____独立性，模式/内模式映像，保证的是数据的_____独立性。

二、单选题

1．数据库（DB），数据库管理系统（DBMS），数据库系统（DBS）三者之间的关系（   ）。

　　A．DB 包括 DBMS 和 DBS　　　　　B．DBS 包括 DB 和 DBMS

　　C．DBMS 包括 DB 和 DBS　　　　　D．DBS 包括 DB 或 DBMS

2．在数据库的三级模式结构中，外模式有（   ）。

　　A．1个　　　　　B．2个　　　　　C．3个　　　　　D．任意多个

3．在数据库的三级模式结构中，模式有（   ）。

　　A．1个　　　　　B．2个　　　　　C．3个　　　　　D．任意多个

4．在数据库的三级模式结构中，内模式有（   ）。

　　A．1个　　　　　B．2个　　　　　C．3个　　　　　D．任意多个

5．在数据库的三级模式结构中，模式和外模式是对数据（   ）的描述。

　　A．物理结构　　　B．逻辑结构　　　C．线性结构　　　D．非线性结构

6．在数据库的三级模式结构中，内模式是对数据（   ）的描述。

　　A．物理结构　　　B．逻辑结构　　　C．线性结构　　　D．非线性结构

7．数据库三级模式体系结构的划分，有利于保持数据库的（   ）。

　　A．数据独立性　　B．数据安全性　　C．结构规范化　　D．操作可行性

8．数据库系统中，物理数据独立性是指（   ）。

　　A．数据库与数据库管理系统的相互独立

　　B．应用程序与 DBMS 的相互独立

　　C．应用程序与存储在磁盘上数据库的物理模式是相互独立的

　　D．应用程序与数据库中数据的逻辑结构相互独立

9．下面列出的条目中，哪个不是数据库技术的主要特点（   ）。

　　A．数据的结构化　　　　　　　　　B．较高的数据独立性

　　C．数据的冗余度小　　　　　　　　D．程序的标准化

三、简答题

1．简述数据库管理系统的功能。

2．什么是数据的独立性？数据库系统中为什么能具有数据独立性？

3．数据库系统由哪些部分组成？其中数据库管理员的职责是什么？

第二章 数据模型和概念模型

- 了解信息的 3 个世界;
- 掌握概念模型的概念及各种术语;
- 了解常见的数据模型;
- 掌握关系模型。

- 能区分信息的 3 个世界的不同,并能清楚地表达出各个世界不同术语的对应关系;
- 能根据实际描述画出 E—R 图;
- 能够表达关系模型和二维表的关系。

数据库是某个部门所要管理的全部数据的集合,不仅反映数据本身的内容,而且反映数据之间的联系。在计算机中如何形式化地表示和存储现实世界中的数据呢? DBMS 是采用数据模型来为现实世界的数据建模,这其中涉及 3 个世界:现实世界,信息世界和机器世界。本章将介绍这三个世界及其联系、概念模型的表示方法以及几种常见的数据模型。

第一节 信息的 3 个世界

一、现实世界

现实世界是由各种事物以及事物之间错综复杂的联系组成的,计算机不能直接对这些事物和联系进行处理。计算机能处理的内容仅是一些数字化的信息,因此必须对现实世界的事物进行抽象,并转化为数字化的信息后才能在计算机上进行处理。比如,我们现在所处的这个世界就是现实世界,人与人之间有联系,物与物也有联系。

二、信息世界

信息世界是现实世界在人脑中的反映。现实世界中的事物、事物特性和事物之间的联系在信息世界中分别反映为实体、实体的属性和实体之间的联系。信息世界涉及的概念主要有:

1. 实体

实体(Entity)是客观存在的可以相互区别的事物或概念。实体可以是具体的事物,也可以是抽象的概念。例如,一个工厂,一个学生是具体的事物,教师的授课、借阅图书、比赛等活动是抽象的概念。

2. 属性

描述实体的特性称为属性(Attribute)。一个实体可以用若干个属性来描述,如学生实体由学号、姓名、性别、出生日期等若干个属性组成。实体的属性用型(Type)和值(Value)来表示,例如,学生是一个实体,学生姓名、学号和性别等是属性的型,也称属性名,而具体的学生姓名如"张三、李四",具体的学号如"20110101",描述性别的"男、女"等是属性的值。

3. 域

属性的取值范围称为该属性的域（Domain）。例如姓名属性的域定为 4 个汉字长的字符串，职工号定为 7 位整数等，性别的域为（男，女）。

4. 码

唯一标识实体的属性或属性集称为码（Key）。例如学生的学号是学生实体的码。

5. 实体型

具有相同属性的实体必然具有共同的特征和性质，用实体名及其属性名的集合来抽象和刻画同类实体，称为实体型（Entity Type）。例如，学生（学号，姓名，性别，出生日期，系）就是一个实体型。

6. 实体集

同类实体的集合称为实体集（Entity Set）。例如，所有学生，一批图书等。

7. 联系

联系（Relationship）包括实体内部的联系与实体之间的联系。实体内部的联系指实体的各个属性之间的联系，实体之间的联系指不同实体集之间的联系。例如实体内部的联系，"教工"实体的"职称"与"工资等级"属性之间就有一定的联系（约束条件），教工的职称越高，往往工资等级也就越高。实体之间的联系比如说"教师"实体和"课程"实体，教师授课。

三、机器世界

信息世界中的信息经过转换后，形成计算机能够处理的数据，就进入了机器世界（也称计算机世界，数据世界）。事实上，信息必须要用一定的数据形式来表示，因为计算机能够接受和处理的只是数据。机器世界涉及的概念主要有以下几种。

① 数据项（Item）：标识实体属性的符号集。
② 记录（Record）：数据项的有序集合。一个记录描述一个实体。
③ 文件（File）：同一类记录的汇集。描述实体集。
④ 键（key）：标识文件中每个记录的字段或集。

四、现实世界、信息世界和机器世界的关系

现实世界、信息世界和机器世界这三个领域是由客观到认识，由认识到使用管理的三个不同层次，后一领域是前一领域的抽象描述。关于 3 个领域之间的术语对应关系，见表 2-1。

表 2-1 信息的三个世界术语的对应关系表

现实世界	信息世界	机器世界
事物总体	实体集	文件
事物个体	实体	记录
特征	属性	数据项
事物之间的联系	概念模型	数据模型

信息的 3 个世界的联系和转换过程如图 2-1 所示。

图 2-1 信息的 3 个世界的联系和转换过程

第二节　概　念　模　型

一、概念模型涉及的基本概念

概念模型是对现实世界的抽象表示，是现实世界到机器世界的一个中间层次。利用概念模型可以进行数据库的设计以及在设计人员和用户之间进行交流。因此概念模型应该具有较强的语义表达能力，能够方便、直接地表达应用中的各种语义知识，并且应该易于用户理解。

二、实体联系的类型

1. 两个实体集之间的联系

两个实体之间的联系可以分为 3 类：一对一，一对多，多对多。

（1）一对一联系（1：1）

若有实体集 A 和 B，对于实体集 A 中的每一个实体，实体集 B 中至多有一个实体与之联系。反之亦然，则称实体集 A 与实体集 B 具有一对一的联系，记为 1：1。

例如，在学校管理中，一个班级只有一个班长，而一个班长只在一个班级中任职，则班级和班长之间是一对一的联系。此外，一个灯泡对应一个灯帽，一个灯帽也对应一个灯泡，所以也是一对一的联系，如图 2-2 所示。

图 2-2　两个实体集之间的 1：1 联系

（2）一对多联系（1：n）

若有实体集 A 和 B，对于实体集 A 中的每一个实体，实体集 B 中有 n 个实体与之联系，反之，对于实体集 B 中的每一个实体，实体集 A 中至多只有一个实体与之联系，则称实体集 A 与实体集 B 具有一对多的联系，记为 1：n。

例如，出版社出版书籍，一个出版社可以出版多种书籍，但同一本书仅为一个出版社出版，则出版社与书之间的联系就为一对多的联系。再例如，在一个家庭里，一个父亲可以有多个孩子，但是一个孩子只有一个父亲。如图 2-3 所示的两个实体集之间的 1：n 联系。

图 2-3　两个实体集之间的 1：n 联系

（3）多对多联系（m：n）

若有实体集 A 和 B，对于实体集 A 中的每一个实体，实体集 B 中有 n 个实体与之联系，反之，对于实体集 B 中的每一个实体，实体集 A 中也有 m 个实体与之联系，则称实体集 A 与实体集 B 具有多对多的联系，记为 n：m。

例如，一本书可以由多个作者共同编著，而一个作者也可以编著多本不同的书，则作者与书之间的联系就是多对多的联系。再比如，一个教师可以讲授多门课程，而一门课程也可以由多位教师讲授，如图 2-4 所示。

图 2-4 两个实体集之间的 n：m 联系

在实体集之间的这三种联系中，一对一联系是一对多联系的特例，而一对多联系又是多对多联系的特例。

2. **两个以上实体集之间的联系**

两个以上实体集之间也存在一对一、一对多、多对多联系。 例如在大学里，学校毕业生进行毕业设计中，一个教师可以指导多个毕业生，一个毕业生只有一位老师指导；同时一个教师指导的毕业设计题目可以有多个，但每个题目只由一个老师来指导。教师、毕业生和毕业设计题目这三者之间是一对多的联系，如图 2-5 所示。

再如一个厂家可以生产多种零件组装多种产品，每个产品可以使用多个厂家生产的零件，每种零件可以有不同的厂家生产，则在厂家、零件和产品之间是多对多的联系，如图 2-6 所示。

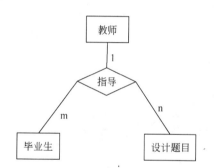

图 2-5 三个实体集之间的 1：n 联系

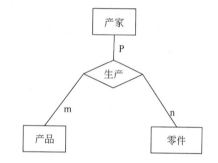

图 2-6 三个实体集之间的 m：n 联系

3. **实体集内部的联系**

同一个实体集内的各实体之间也可以存在一对一、一对多和多对多的联系。

例如，当今社会实行一夫一妻制，一个丈夫对应一个妻子，而一个妻子也只有一个丈夫，而夫妻都属于人这个实体集，因此他们之间是实体集内部的一对一联系。

又如学生实体集内部具有班长与学生之间的领导与被领导关系，即某一学生作为班长领导若干学生，而每个学生仅被一个班长直接领导，因此这是实体集内部的一对多联系，如图 2-7 所示。

图 2-7 实体集内部的 1：n 联系

再如课程和先修课都属于课程实体集，一门课程可以有多门先修课，一门课程也可以是多门课程的先修课。因此，这是实体集内部多对多的联系。

三、概念模型的表示方法

概念模型是用户与数据库设计人员之间进行交流的工具。常见的概念模型有实体联系模型（Entity Relationship Model，E-R）。

实体联系模型是 P. P. S. Chen 于 1976 年提出的。该模型是用 E-R 图来描述概念模型的一种常用的表示方法。E-R 图的基本语义单位是实体与联系，可以形象地用图形表示实体、属性及其关系。E-R 模型有三要素：实体、属性、实体间的联系。

① 实体：用矩形框来表示，框内标注实体名称。

② 属性：用椭圆形表示，并用连线与实体或联系连接起来。

③ 实体间的联系：用菱形来表示，框内标注联系名称，并用连线将菱形框分别与有关实体相连，同时在连线旁标上联系的类型（1：1、1：n 或 m：n）。联系本身也是一种实体型，也可以有属性。如果一个联系具有属性，则这些属性也要与联系连接起来。假设一个属性既是属于一个实体，又是属于另外一个实体，那么就把这个属性当成是这两个实体之间联系的属性。

下面我们用 E-R 图来表示学生实体、教师实体和课程实体之间的联系，学生实体与课程实体之间的联系为选修，教师实体和课程实体之间的联系为讲授。这三种实体之间的联系的 E-R 图如图 2-8 所示。 属性"成绩"是"选修"这个联系的属性，因为成绩是对应于某个学生某门课程的，它既是属于"学生"实体，又是属于"课程"实体，所以就把"成绩"当成是"选修"这个联系的属性。

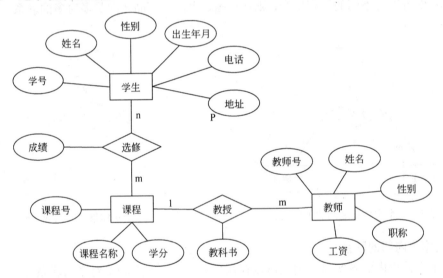

图 2-8 学生、教师与课程 E-R 图

第三节 数据模型

一、数据模型的三要素

数据模型是现实世界数据特征的抽象和归纳，它可严格定义为一组概念的集合，这些概念精确地描述了系统的静态特性、动态特性和完整性约束条件，这就是数据模型的组成要素：数据结构、数据操作和完整性约束条件。

（1）数据结构

用于描述数据库系统的静态特性，主要描述数据类型、内容、性质的有关情况以及描述数据间的联系。通常，人们按照数据结构的类型来命名数据模型，如层次结构、网状结构、关系结构所对应的数据模型分别命名为层次模型、网状模型和关系模型。

（2）数据操作

用于描述数据库系统的动态特性。数据库主要有检索和更新（包括插入、删除、修改）两大类操作。数据模型必须定义这些操作的确切含义、操作符号、操作规则（如优先级）以及实现操作的语言。

（3）完整性约束条件

主要描述数据结构内数据间的语法、语义联系，它们之间的制约与依存关系，以及数据动态变化的规则，以此来保证数据的正确、有效与相容。例如在学校管理的信息系统中要求学生性别只能是男或女，学生的成绩为 0～100 等。

二、常见的数据模型

数据模型是数据库系统的一个关键概念，数据模型不同，相应的数据库系统就完全不同，任何一个数据库管理系统都是基于某种数据模型的。数据库管理系统所支持的数据模型分为 3 种：层次模型、网状模型、关系模型。其中层次模型和网状模型是非关系模型，在 20 世纪 70 年代至 80 年代初很流行，现在逐步被关系模型取代。

1. 层次模型

用树型结构表示数据和数据之间的联系的模型称为层次模型，也称树状模型。层次模型是数据库发展史上最早出现的数据模型，其典型代表是 IBM 公司研制的曾经广泛使用的、第一个大型商用数据库管理系统 IMS（Information Management System）。

层次模型的定义有两层含义。

① 有且仅有一个结点无父结点，这个结点称为根结点。

② 其他结点有且仅有一个父结点。

在层次模型中，根结点在最上层，其他结点都有上一级结点作为其双亲结点，这些结点称为双亲结点的子女结点，同一双亲结点的子女结点称为兄弟结点。没有子女的结点称为叶子结点。双亲结点和子女结点表示了实体间的一对多的联系。如图 2-9 所示为一个教学院系层次模型实例。

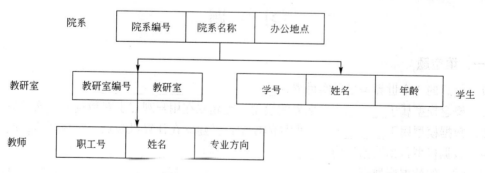

图 2-9　教学院系层次模型实例

2. 网状模型

网状模型是用网状结构表示实体及其之间联系的模型。网状模型的典型代表是 1970 年美国数据库系统语言协会提出的 DBTG 系统。

网状模型的定义也有两层含义。

① 可以有一个以上结点无父结点。

② 至少有一个结点有一个以上父结点。

这样，在网状模型中，结点间的联系可以是任意的，任意两个结点间都能发生联系，更适于描述客观世界。如图 2-10 所示为简单的网状模型实例。

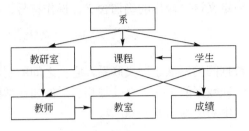

图 2-10 简单的网状模型实例

3. 关系模型

1970 年 IBM 公司的研究员 E. F. Codd 首次提出了关系模型的概念，开创和建立了关系数据库的理论基础。关系模型是用二维表结构来表示实体及实体之间联系的数据模型。关系模型是目前最重要的一种数据模型，当今国内外大多数数据库管理系统都是基于关系模型的。关于关系模型将在本书第三章进行详细介绍。

关系模型的优点主要有以下几点。

① 关系模型概念单一。无论是实体还是实体之间的联系都用关系表示。

② 关系模型是数学化的模型。它建立在严格的数学理论基础上，如集合论、数理逻辑、关系方法、规范化理论等。

③ 关系模型的存取路径对用户是透明的。从而使关系模型具有较高的数据独立性，更好的安全保密性，大大减轻了用户的编程工作。

关系模型的缺点主要有以下几点。

① 由于存取路径对用户是透明的，使关系模型的查询效率往往不如非关系模型。

② 关系模型在处理如 CAD 数据和多媒体数据时有局限性，必须和其他的新技术相结合。

习　题

一、填空题

1. 信息的 3 个世界是指现实世界、_____、_____。

2. 概念模型属于_____世界的模型，是建立在用户观点上对数据的一次抽象。

3. 数据模型属于_____世界的模型，是建立在计算机观点上对数据的二次抽象。

4. 数据模型包括数据结构、_____和_____三要素。

5. 常见的数据模型有_____、_____和_____。目前应用最广泛的是_____模型。

6. 实体的联系类型有 3 种，分别是一对一、_____和_____。

二、单选题

1. 一台机器可以加工多种零件，每一种零件可以在多台机器上加工，机器和零件之间为（　　）的联系。

　　A．一对一　　　　　B．一对多　　　　　C．多对一　　　　　D．多对多

2．E-R 图是（ ）模型。

    A．数据   B．概念   C．过程   D．状态

3．关系模型中，候选码（ ）。

    A．可由多个任意属性组成

    B．至多由一个属性组成

    C．可由一个或多个其值能唯一标识该关系模式中任何元祖的属性组成

    D．以上说法都不正确

三、判断题

1．码又称关键字，是唯一标识一个实体的属性或者属性组。   （   ）

2．客观存在并可相互区别的事物称为实体。   （   ）

3．关系模型中，实体集和实体集的联系都可以用二维表来表示。   （   ）

四、综合题

    学校中有若干系，每个系有若干班级和教研室，每个教研室有若干教师，其中一部分教师每人各带若干研究生。每个班有若干学生，每个学生选修若干课程，每门课可由若干学生选修。用 E-R 图画出此学校的概念模型。

第三章 关系数据库

【知识目标】

- 理解关系模型的数据结构；
- 掌握关系模型的完整性；
- 掌握传统的集合运算和专门的关系运算。

【能力目标】

- 能表达出关系模型的数据结构；
- 能利用实体完整性，参照完整性解决实际的应用问题；
- 能利用关系运算解决实际问题。

第一节 关系模型及其三要素

关系数据库系统是支持关系模型的数据库系统，而关系模型是由数据结构、关系操作集合和完整性约束 3 部分组成的。

一、数据结构

在关系模型中，无论是实体集，还是实体集之间的联系均由单一的关系表示。由于关系模型是建立在集合代数的基础上的，因此一般从集合论的角度对关系模型数据结构进行定义。

1. 关系的数学定义

（1）域

域（domain）是一组具有相同数据类型的值的集合。例如，可以定义学历域和年龄域如下（其中学历和年龄都是域名）。

学历：{ 小学，初中，高中，中专，大专，本科，硕士，博士 }

年龄：{ 大于 0 小于 200 的整数 }

（2）笛卡尔积

给定一组域 D_1，D_2，…，D_n，这些域可以有相同的，则 D_1，D_2，…，D_n 的笛卡尔积为 $D_1 \times D_2 \times \cdots D_n = \{ (d_1, d_2, \cdots d_n) | d_i \in D_i, i=1, 2, \cdots n \}$。

其中，每一个元素（d_1，d_2，…d_n）称为一个元组，或简称为元组（Tuple）。元素中的每一个 d_i 称为一个分量（Component）。若 D_i（$i=1$，2，…n）为有限集，其基数为 m_i（$i=1$，2，…n），则 $D_1 \times D_2 \times \cdots D_n$ 的基数 $M = \prod m_i$。

笛卡尔积可以表示为一个二维表。表中的每行对应一个表中一个元组，每列对应一个域。例如给出 3 个域。

学号域 D_1＝{ S001，S002，S003 }

课程名域 D_2＝{ 数据库，多媒体 }

成绩域 D_3＝{ 90，87 }

则 D1×D2×D3= {（S001，数据库，90），（S001，数据库，87），

（S001，多媒体，90），（S001，多媒体，87），

（S002，数据库，90），（S002，数据库，87），

（S002，多媒体，90），（S002，多媒体，87），

（S003，数据库，90），（S003，数据库，87），

（S003，多媒体，90），（S003，多媒体，87）}

其中（S001，数据库，90），（S001，数据库，87）等都是元组。"S001"，"数据库"，"90"都是分量，分别取自不同的域。

该笛卡尔积的基数为 3×2×2＝12，也就是说 D1×D2×D3 一共有 12 个元组。这 12 个元组可列成的二维表，见表 3-1。

表 3-1 D1×D2×D3

学号	课程名	成绩
S001	数据库	90
S001	数据库	87
S001	多媒体	90
S001	多媒体	87
S002	数据库	90
S002	数据库	87
S002	多媒体	90
S002	多媒体	87
S003	数据库	90
S003	数据库	87
S003	多媒体	90
S003	多媒体	87

（3）关系

D1×D2×···Dn 的子集称为在域 D1，D2，···，Dn 上的关系（relation），表示为

R（D1，D2，···，Dn）

这里 R 表示关系的名字，n 是关系的目或度（degree）。

当 n=1 时，称该关系为单元关系。当 n=2 时，称该关系为二元关系。

下面，从上例的笛卡尔积中取出一个子集来构造一个关系 S（学号，课程名，班号），关系名为 S，属性名为学号，课程名和班号，共有 3 个元组，见表 3-2。

表 3-2 系 S

学号	课程名	成绩
S001	数据库	90
S002	多媒体	90
S003	多媒体	87

关系是笛卡尔积的有限子集，所以关系也是一张二维表，表的每行对应一个元组，表的每列对应一个域。

2. 关系中的基本名词

已知在学生—课程关系数据库中，包括学生关系、班级关系、课程关系和选课关系，这

四个关系分别如下所示。

　　学生（学号，姓名，性别，班级号）

　　班级（班级号，班级名称）

　　课程（课程号，课程名，学分）

　　选课（学号，课程号，成绩）

　　① 元组：表中的一行。

　　② 属性：表中的一列。属性具有型和值两层含义。属性的型指属性名和属性取值域；属性值指属性具体的取值。由于关系中的属性名具有标识列的作用，因而同一关系中的属性名（即列名）不能相同。例如表 3-2 中有 3 个属性："学号"，"课程名"和"成绩"。

　　③ 候选码（Key）：能唯一确定一个元组的属性或属性组。例如表 3-2 中的候选码是（学号，课程名）。

　　④ 主码（Primary key）：关系中可能有多个候选码，选定其中一个作为主码。主码是关系模型中的一个重要概念。每个关系必须选择一个主码，选定以后不能随意改变。每个关系必定有且仅有一个主码。

　　⑤ 全码：若关系中只有一个候选码，且这个候选码中包括全部属性，则这种候选码为全码。全码是候选码的特例，它说明该关系中不存在属性之间相互决定情况。也就是说，每个关系必定有码（指主码），当关系中没有属性之间相互决定情况时，它的码就是全码。

　　⑥ 外码（Foreign key）：设 F 为关系 S 的一个属性或属性集，但不是 S 的主码或候选码。如果 F 与关系 R 的主码相对应，则称 F 是关系 S 的外码，也称外键。如上述关系中，学生表中的班级号参考班级表中的班级号，在学生表中又不是主码，所以学生表中的班级号为外码。同理，选课表中的学号、课程号为外码。

　　⑦ 主属性：包含在任何一个候选码中的属性。例如，学生关系中"学号"，课程关系中"课程号"，选课关系中"学号"和"课程号"都是主属性。

　　⑧ 非主属性：不包含在任何一个候选码中的属性。例如，学生关系中"姓名"、"性别"等都是非主属性。

3. 关系的基本性质

基本关系具有以下 6 条性质。

　　① 关系中每个属性值是不可分解的。也就是表中元组分量必须是原子的，不存在表中有表的情况。

　　例如，表 3-3 所示的这张表就不是关系，因为表中存在的元组分量不是原子。

表 3-3　关系表

课程	总学时	学时分配	
		理论	实践
数据库	54	42	12
数据结构	72	54	18
操作系统	60	45	15

　　② 列是同质的，即每一列中的分量是同一类型的数据，来自同一个域。

　　③ 不同的列可以来自同一个域，其中的每一列为一个属性，不同的属性要给予不同的属性名。

④ 由于各列均分配了属性名，因此各列的次序可以任意交换，并不改变关系的实际意义。

⑤ 关系中的任意两个元组不能完全相同。

⑥ 关系中元组的顺序无关，即关系中元组的顺序可以交换。

二、关系操作

关系模型中常用的关系操作集合包括查询（Query）操作和更新（Update）操作两部分，其中查询操作包括选择（Select）、投影(Project)、连接（Join）、除(Divide)、并（Union）、交（Intersection）、差（Difference）等；更新操作包括增加（Insert）、删除（Delete）和修改（Update）。查询操作是关系操作集合中的一个重要部分，具有很强的表达能力。

关系操作集合的特点是集合操作方式，即操作的对象和结果都是集合。而非关系数据模型的操作对象和结果都是记录。

关系操作有关系代数和关系演算两种定义方式。

① 关系代数：这是用对关系的运算来表达查询要求的方式。对有限个关系作有限运算所得的结果。

② 关系演算：用谓词来表达查询要求的方式，只需描述所需信息的特性。

③ SQL（structured query language）：结构化查询语言，介于关系代数和关系演算之间的语言。SQL 不仅有丰富的查询功能，而且具有数据定义、数据操纵和数据控制功能，是关系数据库的标准语言。

三、关系的完整性

关系模型中共有 3 类完整性约束，即实体完整性、参照完整性和用户定义完整性。实体完整性和参照完整性是关系模型必须满足的两个完整性约束条件，任何关系系统都应该自动维护之这两个完整性约束条件。

1. 实体完整性规则

若属性 A 是基本关系 R 的一个主属性，则任何元组在 A 上的分量都不能为空。这个规则规定了组成主码的所有属性都不能取空值，而不仅仅是主码整体不能取空值。

实体完整性规则（Entity Integrity）是针对基本关系而言的。空值是指"不知道"或"无意义"的值，主属性为空即表示存在不可区分的实体。但是现实世界的实体是可以区分的，即实体具有唯一性标识。这就产生了矛盾，因此实体完整性规则要求主属性不能取空值。在关系模型中是通过定义主码来保证实体完整性的。

例如在学生关系表中，由于"学号"属性是码，则"学号"不能取空值；学生的其他属性可以是空值，如"年龄"的取值或"性别"的取值如果为空，则表明不清楚该学生的这些特性值。

2. 参照完整性规则

定义：若属性组 A 是基本关系 R1 的外码，那么它与基本关系 R2 主码 K 相对应（R1，R2 也可以是同一关系），则 R1 中每个元组在 A 上的值要么等于 R2 中某元组的主码值，要么取空值。其中，基本关系 R1 称为参照关系，而基本关系 R2 称为被参照关系。

实际上，参照完整性规则是指在关系数据库中关系与关系之间的引用规则。

例如，在学生—课程关系中，选课表中有两个外码"学号"和"课程号"，即选课关系参照了学生关系的主码"学号"和课程关系的主码"课程号"。显然，选修关系中每个元组的学号属性只能取下面两类值。

① 空值，表示尚未有学生选课。

② 非空值，这时必须是学生关系中某个学生的学号，表示能够参加选课的必须是已经存在的学生。

同样，选课关系中每个元组的课程号属性只能取下面两类值。

① 空值，表示尚未开课。

② 非空值，这时该值必须是课程关系中的某个课程号，表示只能选择已经开设的课程。但是由于"学号"和"课程号"是选修关系的主属性，按照实体完整性规则，它们均不能取空值。所以选修关系中的"学号"和"课程号"属性只能取相对应被参照关系中已经存在的主码值。

3. 用户定义的完整性

实体完整性和参照完整性适用于任何关系数据库系统。除此之外，不同的关系数据库系统根据其应用环境的不同，往往还需要一些特殊的约束条件。用户定义的完整性就是针对某一具体关系数据库的约束条件，它反映某一具体应用所涉及的数据必须满足的语义要求。例如，学生关系的性别要求取值必须为"男"或"女"，选修关系的成绩必须为 0~100 等。

第二节 关 系 代 数

关系代数是一种抽象的查询语言，是关系数据操纵语言的一种传统表达方式，是用关系运算来表达查询的，即关系代数的运算对象是关系，运算的结果也是关系。

任何一种运算都是将一定的运算符作用于一定的运算对象上，得到预期的运算结果。所以运算对象、运算符、运算结果是运算的三大要素。

关系代数用到的运算符包括 4 类。

(1) 集合运算符：∪（并运算），∩（交运算），－（差运算），×（广义笛卡尔积）。

(2) 专门的关系运算符：σ（选择），∏（投影），⋈（连接），÷（除）。

(3) 比较运算符：>（大于），≥（大于等于），<（小于），≤（小于等于），＝（等于），≠（不等于）。

(4) 逻辑运算符：¬（非），∧（与），∨（或）。

关系代数的运算按运算符的不同可分为传统的集合运算和专门的关系运算两类。其中传统的集合运算将关系看成是元组的集合，其运算从关系水平"行"的方向来进行。而专门的关系运算不仅涉及行而且涉及列。比较运算符和逻辑运算符是用来辅助专门的关系运算符进行操作的。

一、传统的集合运算

传统的集合运算是二目运算，包括并、交、差、广义笛卡尔积 4 种运算。

设关系 R 和关系 S 具有相同的目 n（即两个关系都具有 n 个属性），且相应的属性取自同一个域，则可以定义并、差、交、广义笛卡尔积运算。

1. 并

关系 R 与关系 S 的并（Union）记作

$R \cup S = \{ t | t \in R \vee t \in S \}$，t 是元组变量。

其结果关系仍为 n 目关系，由属于 R 或属于 S 的所有元组组成。

2. 交

关系 R 与关系 S 的交（Intersection）记作

R∩S= { t|t∈R∧t∈S } ，t 是元组变量。

其结果关系仍为 n 目关系，由既属于 R 又属于 S 的元组组成。

3. 差

关系 R 与关系 S 的差（Difference）记作

R-S= { t|t∈R∧t∉S } ，t 是元组变量。

其结果关系仍为 n 目关系，由属于 R 而不属于 S 的所有元组组成。

注意：关系 R 和 S 进行并、交、差运算必须满足下面 2 个条件。

第一条：关系 R 和 S 必须是同元的，即它们的属性数目必须相同。

第二条：对于每一个 i，R 的第 i 个属性的域必须和 S 的第 i 个属性的域相同。

4. 广义笛卡尔积

两个分别为 n 目和 m 目的关系 R 和 S 的广义笛卡尔积是一个（n+m）列的元组的集合。元组的前 n 列是关系 R 的一个元组，后 m 列式关系 S 的一个元组。若 R 有 K1 个元组，S 有 k2 个元组，则关系 R 和关系 S 的广义笛卡尔积有 K1×K2 个元组，记作

$$R×S= \{ t1\ t2|\ t1∈R∧t2∈S \}$$

表 3-4（a）和（b）分别为具有三个属性列的关系 R，S；表 3-4（c）为关系 R 与 S 的并；表 3-4（d）为关系 R 与 S 的差；表 3-4（e）为关系 R 与 S 的交；表 3-4（f）为关系 R 与 S 的笛卡尔积。

表 3-4（a） R

A	B	C
a1	b1	c1
a2	b2	c2
a2	b2	c1

表 3-4 （b）S

A	B	C
a1	b2	c1
a1	b3	c2
a2	b2	c1

表 3-4（c） R∪S

A	B	C
a1	b1	c1

表 3-4（d） R-S

A	B	C
a1	b1	c1
a2	b2	c2
a2	b2	c1
a1	b3	c2

表 3-4（e）　R∩S

A	B	C
a1	b2	c2
a2	b2	c1

表 3-4（f）　R×S

R.A	R.B	R.C	S.A	S.B	S.C
a1	b1	c1	a1	b2	c1
a1	b1	c1	a1	b3	c2
a1	b1	c1	a2	b2	c1
a2	b2	c2	a1	b2	c1
a2	b2	c2	a1	b3	c2
a2	b2	c2	a2	b2	c1
a2	b2	c1	a1	b2	c1
a2	b2	c1	a1	b3	c2
a2	b2	c1	a2	b2	c1

二、专门的关系运算

专门的关系运算包括选择、投影、连接、除等。为了叙述方便，先引入几个记号。

分量：设关系模式 R（A1，A2，A3…An），$t \in R$ 表示 t 是 R 的一个元组，t[Ai]表示元组 t 中相应于属性 Ai 上的一个分量。

1. 选择

选择又称限制，是在关系 R 中选择满足条件的元组，记作

$$\sigma_F(R)= \{\ t|t \in R \wedge F（t）='真'\ \}$$

其中 F 表示选择条件，F(t)是一个逻辑表达式，结果取"真"或"假"。

F 的形式：由逻辑运算符连接算术表达式而成的条件表达式。

逻辑运算符有 $\wedge$，$\vee$，$\neg$。

条件表达式的基本形式为 $X\theta Y$。

其中 X、Y 是属性名、常量或简单函数，属性名也可以用它的序号来代替。θ 是比较算符，$\theta \in \{\ >,\ \geqslant,\ <,\ \leqslant,\ =,\ \neq\ \}$。

选择运算实际上是从关系 R 中选取使逻辑表达式 F 为真的元组。这是从行的角度进行的运算。

设有一个学生—课程数据库，它包括以下内容，具体见表 3-5～表 3-7。

其关系模式如下。

学生（学号，姓名，性别，年龄，专业）。

课程（课程号，课程名）。

选课（学号，课程号，学分）。

表 3-5　学生表

学号	姓名	性别	年龄	专业
000101	李晨	男	18	信息系
000102	王博	女	19	数学系
010101	刘思思	女	18	信息系
010102	王国类	女	20	物理系
020101	范伟	男	19	数学系

表 3-6　课程表

课程号	课程名
C1	数学
C2	英语
C3	计算机
C4	制图

表 3-7　选课表

学号	课程号	学分
000101	C1	90
000101	C2	87
000101	C2	72
010101	C4	85
010101	C2	42
020101	C3	70

【例 3-1】查询数学系的学生信息。

$$\sigma_{专业='数学系'}（学生）或 \sigma_{5='数学系'}（学生）$$

结果见表 3-8。

表 3-8　查询数学系学生的信息结果

学号	姓名	性别	年龄	专业
000102	王博	女	19	数学系
020101	范伟	男	19	数学系

【例 3-2】查询年龄小于 20 岁的学生的信息。

$$\sigma_{年龄<20}（学生）或 \sigma_{4<20}（学生）$$

结果见表 3-9。

表 3-9　查询年龄小于 20 岁的学生的信息结果

学号	姓名	性别	年龄	专业
000101	李晨	男	18	信息系
000102	王博	女	19	数学系
010101	刘思思	女	18	信息系
020101	范伟	男	19	数学系

2. 投影

关系 R 上的投影是从 R 中选择出若干属性列组成新的关系。记作

$$\pi_A（R）=\{ t[A]| t\in R \}$$

其中，A 为 R 中属性列。

投影操作是从列的角度进行的运算。

投影之后取消了原关系中的某些列，可能出现重复行，系统会自动取消这些完全相同的行。

【例 3-3】查询学生的学号和姓名。

$$\pi_{学号,姓名}(学生)或 \pi_{1,2}(学生)$$

结果见表 3-10。

表 3-10　查询学生的学号和姓名结果

学号	姓名
000101	李晨
000102	王博
010101	刘思思
020101	范伟

【例 3-4】查询学生关系中有哪些系，即查询学生关系所在系属性上的投影。

$\pi_{专业}$ (学生)或 π_5(学生)

结果见表 3-11。

表 3-11　查询系

专业
信息系
数学系
信息系
物理系
数学系

3. 连接

连接也称 θ 连接，是从两个关系的笛卡尔积中选取属性间满足一定条件的元组，记作

$$R \bowtie S = \{\ t1\ t2 | t1 \in R \wedge t2 \in S \wedge t1[A]\ \theta\ t2[B]\ \}$$

$$A\theta B$$

其中 A 和 B 分别为 R 和 S 上度数相等且可比的属性组，θ 为比较运算符。连接运算是从 R 和 S 的笛卡尔积 R×S 中选取（R 关系）在 A 属性组上的值与（S 关系）在 B 属性组上的值满足比较关系 θ 的元组。

连接运算中有两种最为重要也最为常用的连接：一种是等值连接；另一种是自然连接。

（1）等值连接：当 θ 为"＝"的连接运算称为等值连接，它是从关系 R 和 S 的广义笛卡尔积中选取 A 和 B 属性值相等的元组。即等值连接为

$$R \bowtie S = \{\ t1\ t2 | t1 \in R \wedge t2 \in S \wedge t1[A]=t2[B]\ \}$$

$$A=B$$

（2）自然连接：是一种特殊的等值连接，它要求两个关系中进行比较的分量必须是相同的属性组即 A 和 B 是相同的组，并且在结果中把重复的属性列去掉。即自然连接可记作

$$R \bowtie S = \{\ t1\ t2 | t1 \in R \wedge t2 \in S \wedge t1[A]=t2[B]\ \}$$

一般的连接操作是从行的角度进行运算的，但自然连接还需要取消重复列，所以自然连接是同时从行和列的角度进行运算的。

【例 3-5】设关系 R、S 分别为表 3-12 中的（a）和（b），一般连接 C<E 的结果见表 3-12（c），等值连接 R.B=S.B 的结果见表 3-12（d），自然连接的结果见表 3-12（e）。

表 3-12　连接运算举例

表 3-12(a)　R

A	B	C
a1	b1	5
a1	b2	6
a2	b3	8
a2	b4	12

表 3-12 （b） S

B	E
b1	3
b2	7
b3	10
b3	2
b5	2

表 3-12 （c） R⋈S（一般连接）

C<E

A	R.B	C	S.B	E
a1	b1	5	b2	7
a1	b1	5	b3	10
a1	b2	6	b2	7
a1	b2	6	b3	10
a2	b3	8	b3	10

表 3-12 （d） R⋈S（等值连接）

R.B=S.B

A	R.B	C	S.B	E
a1	b1	5	b1	3
a1	b2	6	b2	7
a2	b3	8	b3	10
a2	b3	8	b3	2

表 3-12 （e） R⋈S（自然连接）

A	B	C	E
a1	b1	5	3
a1	b2	6	7
a2	b3	8	10
a2	b3	8	2

4. 除

在对除法作具体的介绍前，先介绍一下属性的象集。属性的象集，给定一个关系 R （X，Z），X，Z 为属性组，定义当 t[X]=x 时，x 在 R 中的象集为 R 中 Z 属性对应的分量的集合，而这些分量所对应的元组中的属性组 X 上的值应为 x。

【例 3-6】选课（学号，课程号，成绩），见表 3-13。

表 3-13　选课表

学号	课程号	成绩
98001	C1	95
98001	C3	80
98003	C1	85
98003	C2	75

课程号=c1 的象集见表 3-14。

表 3-14　课程号 c1 的象集

学号	成绩
98001	95
98003	85

给定关系 R（X，Y）和 S（Y，Z），其中 X，Y，Z 为属性组。R 中的 Y 与 S 中的 Y 可以有不同的属性名，但必须来自同个域。R 与 S 的除运算得到一个新的关系 P（X），P 是 R 中满足下列条件的元组在 X 属性列上的投影：元组在 X 上分量值 x 的象集 Y_x 包含 S 在 Y 上的投影的集合。记作

$$R \div S = \{ t_r[X] \mid t_r \in R \land \pi_Y(S) \subseteq Y_x \}$$

其中 Y_x 为 x 在 R 中象集，$x = t_r[X]$

除运算是同时从行和列的角度进行的运算。除运算适合于包含"对于所有的/全部的"语句的查询操作。

除运算的步骤。

（1）将被除关系 R 的属性分成两部分 X，Y_r，其中 X 为与除关系 S 不同的部分，Y_r 为与除关系中 Y_s 相同部分。

（2）将 R 按 x 值分组，即 x 值相同的为一组。

（3）选择 Y_r 与 Y_s 相同的组作为结果元组。

（4）取结果元组在 X 属性上的投影。

【例 3-7】有关系 R 和 S 分别为表 3-15 中的（a）和（b），求 R ÷ S。

表 3-15　（a）R

仓库号	供应商号
WH1	S1
WH1	S2
WH1	S3
WH2	S3
WH3	S1
WH3	S2
WH5	S1
WH5	S2
WH5	S4
WH6	S2

表 3-15　（b）S

仓库号
WH1
WH3
WH5

表 3-15　R÷S

供应商号
S1
S2

它的含义是，至少向 WH1、WH3、WH5 供货的供应商号。

【例 3-8】已知选课，选修课，必修课见表 3-16。求选课÷选修课。

表 3-16（a）　选课

学号	课程号	成绩	学号	课程号	成绩
S1	C1	A	S3	C3	B
S1	C2	B	S4	C1	A
S1	C3	B	S4	C2	A
S2	C1	A	S5	C2	B
S2	C3	B	S5	C3	B
S3	C1	B	S5	C1	A

表 3-16（b） 选修课	
课程号	课程名
C2	VB

表 3-16（c） 必修课	
课程号	课程名
C1	数据结构
C3	操作系统

表 3-16（d） 选课÷必修课	
学号	成绩
S3	B

"选课÷必修课"表示求得选修了必修课表中全部课程且成绩一样的学生的学号和成绩。

（1）将关系"选课"的属性分成两部分：X 为（学号，成绩）；Y 为课程号，Yr 表示"选课"在课程号上的投影。

（2）将关系"必修课"的属性分成两部分：Y 为课程号；Z 为课程名，Ys 表示"选修课"在"课程号"上的投影 { C1，C3 }。

（3）将关系"选课"按 X 属性组（学号，成绩）的值的不同分组（共 8 组）。

第一组，学号=S1，成绩=A 的象集为 { C1 }。

第二组，学号=S1，成绩=B 的象集为 { C2，C3 }。

第三组，学号=S2，成绩=A 的象集为 { C1 }。

第四组，学号=S2，成绩=B 的象集为 { C3 }。

第五组，学号=S3，成绩=B 的象集为 { C1，C3 }。

第六组，学号=S4，成绩=A 的象集为 { C1，C2 }。

第七组，学号=S5，成绩=A 的象集为 { C1 }。

第八组，学号=S5，成绩=B 的象集为 { C2，C3 }。

所以，可以得出结论，选课÷必修课见表 3-16（d）。

三、关系代数表示检索的实例

在关系代数中，关系代数运算经过有限次复合形成的式子称为关系代数表达式。对关系数据库中数据的查询操作可以写成一个关系代数表达式，或者说，写成一个关系代数表达式表示已经完成了查询操作。以下给出利用关系代数进行查询的例子。

设学生—课程数据库中有 3 个关系。

学生（学号，姓名，性别，年龄，所在系）

课程（课程号，课程名，先行课）

选课（学号，课程号，成绩）

【例 3-9】求选修了课程号为"C2"课程的学生学号。

$$\pi_{学号}（\sigma_{课程号='C2'}（选课））$$

【例 3-10】求选修了课程号为"C2"课程的学生学号和姓名。

$$\pi_{学号,姓名}（\sigma_{课程号='C2'}（选课 \bowtie 学生））$$

【例 3-11】求年龄大于 20 的所有女学生的学号、姓名。

$$\pi_{学号,姓名}（\sigma_{年龄>20 \wedge 性别='女'}（学生））$$

【例 3-12】求选了课的学生的学号和姓名。

$$\pi_{学号,姓名}（选课 \bowtie 学生）$$

【例 3-13】求没有选课的学生的学号和姓名。

$$\pi_{学号,姓名}（学生）-\pi_{学号,姓名}（选课 \bowtie 学生）$$

解题思路：可以从所有的学生中除去选了课的学生，剩余的学生就是没有选过课的。

【例 3-14】求没有选修课程号为"C1"课程的学生学号。

$$\pi_{学号}（学生）-\pi_{学号}（\sigma_{课程号='C1'}（选课））$$

不能写成：$\pi_{学号}（\sigma_{课程号\neq'C1'}（选课））$

【例 3-15】既选修"C2"课程又选修"C3"课程的学生学号。

$$\pi_{学号}（\sigma_{课程号='C2'}（选课））\cap \pi_{学号}（\sigma_{课程号='C3'}（选课））$$

不能写为：$\pi_{学号}（\sigma_{课程号='C2' \wedge 课程号='C3'}（选课））$

因为选择运算是集合运算，在同一元组中的课程号不可能既是"C2"又是"C3"。

【例 3-16】选修"C2"课程或选修"C3"课程的学生学号。

$$\pi_{学号}（\sigma_{课程号='C2'}（选课））\cup\pi_{学号}（\sigma_{课程号='C3'}（选课））$$

或

$$\pi_{学号}（\sigma_{课程号='C2' \vee 课程号='C3'}（选课））$$

【例 3-17】求选修了全部课程的学生学号及课程号。

$$\pi_{学号,课程号}(选课)\div课程$$

【例 3-18】求学过学号为"98001"的学生所学过的所有课程的学生学号。

$$\pi_{学号,课程号}（选课）\div\pi_{课程号}（\sigma_{学号='98001'}（选课））$$

【例 3-19】求学过学号为"98001"的学生所学过的所有课程的学生学号和姓名。

$$\pi_{学号,姓名}（（\pi_{学号,课程号}（选课）\div\pi_{课程号}（\sigma_{学号='98001'}（选课）））\bowtie 学生）$$

习　题

一、填空题

1. 设 F 是基本关系 R 的一个属性或属性组，F 不是 R 的码（主码或候选码），但 F 是关系 S 的主码，则称 F 是 R 的_____，R 为_____表，S 为_____表。

2. 设关系 R 和 S 的属性个数分别是 3 和 4，元组个数分别是 100 和 300，关系 T 是 R 和 S 的广义笛卡尔积，则 T 的属性个数是_____，元组个数是_____。

二、单选题

1. 在通常情况下，下面的关系中不可以作为关系数据库的关系是（　　　）。

　A. R1（学生号，学生名，性别）

　B. R2（学生号，学生名，班级号）

　C. R3（学生号，学生名，宿舍号）

　D. R4（学生号，学生名，简历）

2. 一个关系数据库文件中的各条记录（　　　）。

　A. 前后顺序不能任意颠倒，一定要按照输入的顺序排列

　B. 前后顺序可以任意颠倒，不影响库中的数据关系

　C. 前后顺序可以任意颠倒，但排列顺序不同，统计处理的结果就可能不同

　D. 前后顺序不能任意颠倒，一定要按照码段值的顺序排列

3. 同一个关系模型的任意两个元组值（　　　）。

　A. 不能全同　　　　B. 可全同　　　　C. 必须全同　　　D. 以上都不是

4. 设属性 A 是关系 R 的主属性，则属性 A 不能取空值（NULL）。这是（　　　）。

　A. 实体完整性规则　　　　　　　　B. 参照完整性规则

　　C. 用户自定义完整性规则　　　　　　D. 域完整性规则

5. 下列关系中的基本名词，能唯一地标识一个元组的是（　　）。

　　A. 主属性　　　　　　　　　　　B. 属性

　　C. 候选码　　　　　　　　　　　D. 以上三项均可

6. 外码必须为空值或等于被参照表中某个元组的主码。这是（　　）。

　　A. 实体完整性规则　　　　　　　　B. 参照完整性规则

　　C. 用户自定义完整性规则　　　　　　D. 域完整性规则

7. 当对关系 R 和 S 使用自然连接时，要求 R 和 S 含有一个或多个共有的（　　）。

　　A. 元组　　　　　B. 行　　　　　C. 记录　　　　　D. 属性

8. R-(R-S)等同于（　　）。

　　A. R∩S　　　　　B. R∪S　　　　　C. R−S　　　　　D. R×S

9. 在关系代数运算中，不属于基本运算的是（　　）。

　　A. 差　　　　　B. 交　　　　　C. 并　　　　　D. 乘积

三、判断题

1. 关系操作的方式是一次一集合。　　　　　　　　　　　　　　　　（　　）

2. 笛卡尔积就是关系。　　　　　　　　　　　　　　　　　　　　　（　　）

3. 在一个关系模式中，候选码可有多个，主码只能有一个，主码可以不属于候选码。

　　　　　　　　　　　　　　　　　　　　　　　　　　　　　　　（　　）

4. 主码中的属性称为主属性。　　　　　　　　　　　　　　　　　　（　　）

四、简答题

1. 简述关系的五个特征。

2. 何种情况下，外码的值不能为空？

3. 已知三个关系模式图书（书号，书名，出版社，负责人），读者（读者号，身份证号，姓名，性别，年龄），借阅（读者号，书号，借阅日期，归还日期）。指出每个关系模式的候选码，主码，外码，主属性。

4. 简述连接、等值连接和自然连接的定义。

五、综合题

（1）已知域 D1=零件号集合={ P1，P2，P3 }；D2=颜色集合={ 红色，蓝色 }；D3=产地集合={ 北京，上海 }

用二维表表示 D1×D2×D3 的笛卡尔积，并计算笛卡尔积的基数。

（2）已知关系 R1，R2 分别见表 3-17（a）和（b）。

表 3-17（a）　R1

A	B	C
a1	b1	c1
a2	b2	c2

表 3-17（b）　R2

D	E
d1	e1
d2	e2
d3	e3

求它们的广义笛卡尔积。

（3）有选课和课程两个关系模式，见表 3-18（a）和（b）。

表 3-18（a）选课

学号	课程号	成绩
001	C1	80
001	C2	90
002	C2	70

表 3-18（b）课程

课程号	课程名	先行课号
C1	数据结构	C3
C2	数据库	C4
C3	C 语言	C4
C4	计算机文化基础	

求等值连接：选课∞课程。

选课．课程号＝课程．课程号

自然连接：选课∞课程。

六、语法题

对于学生选课关系，其关系模式如下所示。

学生（学号，姓名，年龄，所在系）

课程（课程名，课程号，先行课）

选课（学号，课程号，成绩）

试用关系代数完成下列查询。

① 求成绩不及格的学生学号和姓名。

② 求学过数据库课程的学生学号和姓名。

③ 求数据库成绩不及格的学生学号和姓名。

④ 求学过数据库和数据结构课程的学生学号和姓名。

⑤ 求学过数据库或数据结构课程的学生学号和姓名。

⑥ 求没学过数据库课程的学生学号。

⑦ 求学过数据库的先行课的学生学号。

⑧ 求选修了全部课程的学生学号和姓名。

第四章　关系数据库标准语言——SQL

- 了解 SQL 的发展及应用;
- 掌握 SQL 语句的语法规则;
- 理解视图的意义和作用;
- 了解游标的作用。

- 能够使用 SQL 语句创建数据库;
- 能够基本使用 SQL 语句创建表及索引;
- 能够熟练使用 SQL 语句对数据进行增加、删除、修改;
- 能够熟练使用 SQL 语句查询数据;
- 能够熟练使用 SQL 语句使用视图。

第一节　SQL 概述

一、SQL 的发展

SQL 的全称是结构化查询语言（Structured Query Language），是用于数据库的标准数据查询语言，IBM 公司最早使用在其开发的数据库系统中。1986 年 10 月，美国 ANSI 对 SQL 进行规范后，以此作为关系数据库管理系统的标准语言。

SQL 是一种数据库查询和程序设计语言，用于存取数据以及查询、更新和管理关系数据库系统。最早是 IBM 公司的圣约瑟研究实验室为其关系数据库管理系统开发的一种查询语言，其前身是 SQUARE 语言。

作为关系数据库的标准语言，SQL 已被众多商用数据库管理系统产品所采用，不过不同的数据库管理系统在其实践过程中都对 SQL 规范做了某些编改和扩充。所以，实际上不同数据库管理系统之间的 SQL 不能完全相互通用。例如，微软公司的 MS SQL-Server 支持的是 T-SQL，而甲骨文公司的 Oracle 数据库所使用的 SQL 则是 PL-SQL。

1970 年 E. J. Codd 发表了关系数据库埋论。

1974 年由 Boyce 和 Chamberlin 提出 SQL 的概念。

1975 年至 1979 年 IBM 公司的关系数据库管理系统 System-R 实现了这种语言，以 Codd 的理论为基础开发了"Sequel"，并重新命名为"SQL"。

1979 年 Oracle 公司发布了商业版 SQL。

1981 年至 1984 年出了其他商业版本，有 IBM 公司的 DB2、DataGeneral 公司的 DG/SQL、RelationalTechnology 公司的 INGRES;

1986 年美国国家标准局（ANSI）颁布了 SQL 的美国标准，1987 年国际标准化组织（ISO）

通过了这一标准，这两个标准称为 SQL—86。

1989 年 ANSI 公布 SQL—89 标准。

1992 年 ANSI 公布 SQL2 标准（即 SQL—92 标准）。

1999 年 ANSI 公布 SQL3 标准。

1997 年之后，SQL 成为动态网站(Dynamicwebcontent)的后台支持。

2005 年，TimO'eilly 提出了 Web2.0 理念，称数据将是核心，SQL 将成为"新的 HTM"；

2006 年定义了 SQL 与 XML(包含 XQuery)的关联应用，并且，Sun 公司将以 SQL 基础的数据库管理系统嵌入 JavaV6。

二、SQL 的优点

SQL 语句具有以下优点。

（1）功能强大、能够完成各种数据库操作。能完成合并、求差、相交、乘积、投影、选择、连接等所有关系运算；可用于统计；能多表操作。

（2）书写简单、使用方便（核心功能只用 9 个动词）。

（3）可作为交互式语言独立使用、也可作为子语言嵌入宿主语言中使用。

（4）有利于各种数据库之间交换数据、有利于程序的移植、有利于实现程序和数据间的独立性、有利于实施标准化。

三、SQL Server 的硬件要求

目前市场上常用的 SQL Server 的版本是 SQL Server 2000 和 SQL Server 2005。它们对于硬件有着不同的要求。SQL Server 2000 对计算机的硬件要求比较低，一般的计算机都可以满足其需求。这里只介绍 SQL Server 2005 对于软硬件的要求。

SQL Server 2005 对于硬件有如下要求。

（1）处理器：需要 Pentium III兼容处理器或更高速度的处理器，600 MHz 以上。

（2）内存：512 MB 以上，建议 1 GB 或更大。

（3）硬盘：750MB 的安装空间以及必要的数据预留空间。

（4）安装的组件对硬盘空间的实际要求取决于用户的系统配置和用户选择安装的应用程序与功能，各种组件需要的磁盘空间见表 4-1。

表 4-1　SQL Server 2005 的组件

功　　能	磁盘空间要求
数据库引擎和数据文件、复制以及全文搜索	150 MB
Analysis Services 和数据文件	35 MB
Reporting Services 和报表管理器	40 MB
Notification Services 引擎组件、客户端组件和规则组件	5 MB
Integration Services	9 MB
客户端组件	12 MB
管理工具	70 MB
开发工具	20 MB
SQL Server 联机丛书和 SQL Server Mobile 联机丛书	15 MB
示例和示例数据库	390 MB

SQL Server 2005 对计算机的软件有如下要求。

操作系统要求（32 位）：不同的操作系统是否可以运行 SQL Server 服务器软件的各个 32 位版本见表 4-2。

表 4-2　**SQL Server** 的各种版本

操作系统	企业版	开发版	标准版	工作组版	精简版
Windows 2000 Professional Editon SP4	否	是	是	是	是
Windows 2000 Sever SP4	是	是	是	是	是
Windows 2000　Advanced Server SP4	是	是	是	是	是
Windows 2000 Datacenter Edition SP4	是	是	是	是	是
嵌入式 Windows XP	否	否	否	否	否
Windows XP Home Editon SP2	否	是	否	是	是
Windows XP Professional Editon SP2	否	是	是	是	是
Windows XP Media Editon SP2	否	是	是	是	是
Windows XP Tablet Editon SP2	否	是	是	是	是
Windows 2003 Server SP1	是	是	是	是	是
Windows 2003 Edition SP1	是	是	是	是	是
Windows 2003 Datacenter Edition SP1	是	是	是	是	是
Windows 2003 Web Edition SP1	否	否	否	否	是

四、SQL 的应用情况

SQL 结构简洁、功能强大、简单易学，所以自从 IBM 公司于 1981 年推出以来，SQL 语言得到了广泛的应用。如今无论是像 Oracle、Sybase、Informix、SQL Server 这些大型的数据库管理系统，还是像 Visual Foxporo、PowerBuilder 这些计算机上常用的数据库开发系统，都支持 SQL 作为查询语言。Oracle、Sybase、Informix、DB2、SQL Server 等大型数据库管理系统实现了 SQL。Dbase、Foxpro、Access 等计算机数据库管理系统部分实现了 SQL。可以在 HTML 中嵌入 SQL 语句，通过 WWW 访问数据库。在 Java、C#、VC、VB、DEPHI、PB 也可嵌入 SQL 语句。

下面几点是需要注意的。

① SQL 是一种关系数据库语言，提供数据的定义、查询、更新和控制等功能。

② SQL 不是一个应用程序开发语言，只提供对数据库的操作能力，不能完成屏幕控制、菜单管理、报表生成等功能，可成为应用开发语言的一部分。

③ SQL 不是一个 DBMS，是属于 DBMS 的语言处理程序。

五、SQL 的主要功能

SQL 的主要功能包括 4 类。

（1）数据定义语言（DDL）

数据定义语言指创建、修改或删除数据库中各种对象，包括表、视图、索引等。

命令：CREATE、ALTER、DROP。

常用的数据定义语句见表 4-3。

表 4-3　常用的数据定义语句

操作对象	创建语句	删除语句	修改语句
基本表	CREATE　TABLE	DROP　TABLE	ALTER TABLE
索引	CREATE　INDEX	DROP　INDEX	
视图	CREATE　VIEW	DROP　VIEW	
数据库	CREATE　DATABASE	DROP　DATABASE	ALTER　DATABASE

（2）查询语言（QL）

查询语言指按照指定的组合、条件表达式或排序检索已存在的数据库中数据，不改变数据库中数据。

命令：SELECT。

（3）数据操纵语言（DML）

对已经存在的数据库进行记录的插入、删除、修改等操作。

命令：INSERT、UPDATE、DELETE。

（4）数据控制语言（DCL）

用来授予或收回访问数据库的某种特权。

命令：GRANT、REVOKE。

六、SQL 语句的执行

在 SQL Server 2000 环境下 SQL 语句的执行过程在附录 A 中有详细介绍，下面介绍在 SQL Server 2005 环境下以【用例】为例来说明 SQL 语句的执行过程。这里所用的数据库是学生成绩数据库，结构如下。

学生（学号，姓名，年龄，所在系）

课程（课程号，课程名，先行课）

选课（学号，课程号，成绩）

【例 4-1】在"学生成绩"数据库中，从"课程"中查询出课程名为"数据库原理及应用"的课程号。

执行步骤如下。

第一步，单击"开始"→"所有程序"→SQL Server→Microsoft SQL Server Management Studio，进入了 SQL Server 管理中心，可看到学生成绩数据库存在，如图 4-1 所示。

第二步，单击企业管理器左上角的"新建查询"（图 4-2），进入 SQL Server 的查询分析器（图 4-3），可在光标处写代码。

图 4-1 资源管理器

图 4-2 新建查询

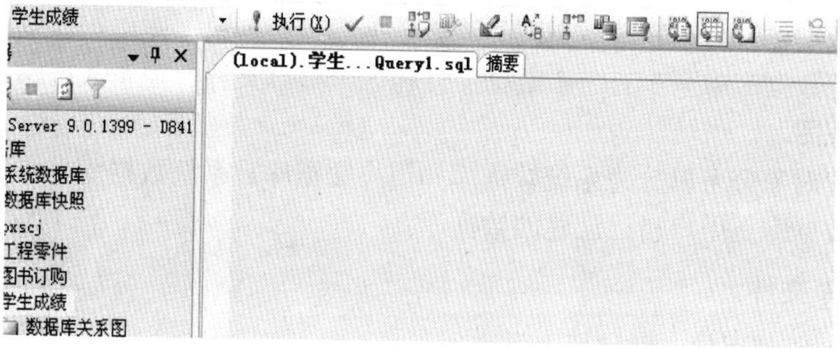

图 4-3　查询界面

第三步，观察当前的数据库是否为"学生成绩"，否则选择"学生成绩"为当前数据库，如图 4-4 所示。

图 4-4　连接数据库

第四步，在查询分析器中输入以下代码。

SELECT　课程号

FROM　课程

WHERE　课程名='数据库原理及应用'

第五步，先后单击 "分析"和"执行"按钮（图 4-5），即可看到查询结果栏出现查询结果，如图 4-6 所示。

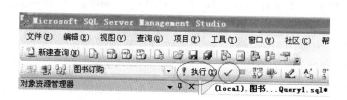

图 4-5　分析和执行 SQL 语句

图 4-6　查询结果

第六步，查询结束，可关闭查询分析器，如需保存查询语句，有两种方法。

方法一，可以单击"文件"→"保存*.SQL 文件"。

方法二，把 SQL 语句通过复制粘贴到文本文件中保存。

第二节　创建数据库

SQL Server 数据库是存储数据的容器，是一个存放数据的表和支持这些数据的存储、检索、安全性和完整性的逻辑成分所组成的集合。数据库按照不同的分类方式可以分为不同的类别。

　　按照模式级别可以分为物理数据库和逻辑数据库。物理数据库由构成数据库的物理文件构成。一个物理数据库中至少有一个数据文件和一个日志文件。逻辑数据库是指数据库中用户可视的表或视图。

　　按照按创建对象分可以分为系统数据库和用户数据库。系统数据库是安装时系统自带的数据库。用户数据库是用户自己创建的数据库。

一、数据库文件

SQL Server 所使用的文件包括 3 类。

（1）主数据文件。

　　主数据文件简称主文件，正如其名字所示，该文件是数据库的关键文件，包含了数据库的启动信息，并且存储数据。每个数据库必须有且仅能有一个主文件，其默认扩展名为.mdf。

（2）辅助数据文件。

　　辅助数据文件简称辅（助）文件，用于存储未包括在主文件内的其他数据。辅助文件的默认扩展名为.ndf。辅助文件是可选的，根据具体情况，可以创建多个辅助文件，也可以不使用辅助文件。

　　一般当数据库很大时，有可能需要创建多个辅助文件。而数据库较小时，则只要创建主文件而不需要辅助文件。

（3）日志文件。

　　日志文件用于保存恢复数据库所需的事务日志信息。每个数据库至少有一个日志文件，也可以有多个，日志文件的扩展名为.ldf。

　　日志文件的存储与数据文件不同，它包含一系列记录，这些记录的存储不以页为存储单位。

二、数据库对象

　　常用的数据库对象有以下几种。

　　表：表是 SQL Server 中最主要的数据库对象，是用来存储和操作数据的一种逻辑结构。表由行和列组成，因此也称为二维表。表是在日常工作和生活中经常使用的一种表示数据及其关系的形式。

　　视图：视图是从一个或多个基本表中引出的表，数据库中只存放视图的定义而不存放视图对应的数据，这些数据仍存放在导出视图的基本表中。

　　索引：索引是一种不用扫描整个数据表就可以对表中的数据实现快速访问的途径，是对数据表中的一列或者多列的数据进行排序的一种结构。

　　表中的记录通常按其输入的时间顺序存放，这种顺序称为记录的物理顺序。为了实现对表记录的快速查询，可以对表的记录按某个和某些属性进行排序，这种顺序称为逻辑顺序。

　　约束：约束机制保障了 SQL Server 2005 中数据的一致性与完整性，具有代表性的约束就是主键和外键。主键约束当前表记录的唯一性，外键约束当前表记录与其他表的关系。

　　存储过程：存储过程是一组为了完成特定功能的 SQL 语句集合。这个语句集合经过编译后存储在数据库中，存储过程具有接受参数、输出参数，返回单个或多个结果以及返回值的功能。存储过程独立于表存在。

　　存储过程有和函数类似的地方，但又不同于函数。例如，存储过程不返回取代其名称的值，也不能直接在表达式中使用。

　　触发器：触发器与表紧密关联。触发器可以实现更加复杂的数据操作，更加有效地保障数据库系统中数据的完整性和一致性。触发器基于一个表创建，但可以对多个表进行操作。

默认值：默认值是在用户没有给出具体数据时，系统所自动生成的数值。默认值是 SQL Server 系统确保数据一致性和完整性的方法。

用户和角色：用户是对数据库有存取权限的使用者；角色是指一组数据库用户的集合。这两个概念类似于 Windows XP 的本地用户和组的概念。

规则：规则用来限制表字段的数据范围。

类型：用户可以根据需要在给定的系统类型之上定义自己的数据类型。

函数：用户可以根据需要在 SQL Server 定义自己的函数。

三、创建数据库

创建数据库的语法格式如下所示。

```
CREATE DATABASE〈数据库名〉
    [ON [PRIMARY]
    [（NAME =〈逻辑数据文件名〉,]
    FILENAME= '〈操作数据文件路径和文件名〉          --逻辑文件名
                                                --物理路径名
    [，SIZE=〈文件长度〉]                          --文件初始大小
    [，MAXSIZE=〈最大长度〉]                        --文件最大大小
    [，FILEROWTH=〈文件增长率〉]）[，…n]]            --文件增长方式
    [LOG ON
    （[NAME=〈逻辑日志文件名〉,]
    FILENAME= '〈操作日志文件路径和文件名〉'
    [，SIZE=〈文件长度〉]
    [，MAXSIZE=〈最大长度〉]
    [，FILEROWTH=〈文件增长率〉]）[，…n]]
```

对于可以忽略的参数，系统对数据文件的默认值为：初始大小 1MB，最大大小不限制，允许数据库自动增长，增长方式为按 10%的比例增长。

系统对日志文件的默认值为：初始大小 1MB，最大大小不限制，允许日志文件自动增长，增长方式为按 10%的比例增长。

【例 4-2】创建学生成绩数据库。要求，初始大小为 5MB，最大大小 50MB，数据库自动增长，增长方式是按 10%比例增长；日志文件初始为 2MB，最大可增长到 5MB（默认为不限制），按 1MB 增长（默认是按 10%比例增长）。

说明：进入查询分析器后，输入以下代码。

```
CREATE  DATABASE  学生
    ON                              --primary 是默认的文件组，可以省略，此处省略。
    （  NAME='学生_Data',
        FILENAME='e：\学生_Data.mdf',
        SIZE=5MB,
        MAXSIZE=50MB,
        FILEGROWTH=10%
    ）
```

```
    LOG ON
    (    NAME='学生_Log',
        FILENAME='e：\学生_Log.ldf',
        SIZE=2MB,
        MAXSIZE=5MB,
        FILEGROWTH=1MB
    )
```

执行成功后，查看资源管理器，会发现名为"学生"的数据库已经存在了。

第三节　创　建　表

数据库创建好了以后是不能够直接存放数据的，数据必须存放在表（关系）里。

一、创建表

创建基本表的语法格式如下所示。

> CREATE　　TABLE [<库名>].<表名>
> (<列名><数据类型>[<列级完整性约束条件>]
> [，<列名><数据类型>[<列级完整性约束条件>] [，…n]
> [，<表级完整性约束条件>] [，…n]);

说明：约束分为列级约束和表级约束。

1. 列级完整性约束

列级完整性约束的作用：针对属性值设置的限制条件，只涉及一个列的数据，有以下 5 种约束。

① NOT NULL 约束，表示不允许为空。

② UNIQUE 约束，表示不允许该列出现重复的属性值。对于设为主码的列，不能再加"UNIQUE"。

③ DEFAULT 约束，表示定义该列的默认值。

④ CHECK 约束，表示定义属性值的检查条件。

CHECK 约束的语法格式如下所示。

> CONSTRAINT　　<约束名> CHECk　（<约束条件>）

⑤ PRIMARY KEY 约束，表示定义该列为主码。

2. 表级完整性约束

表级完整性约束的作用：针对表内多个属性的限制条件或者不同表中相应列的限制条件。

（1）UNIQUE 约束，表示要求列组的值不能有重复。

语法格式如下所示。

> CONSTRAINT　　<约束名>　　UNIQUE　　（属性组）

（2）PRIMARY KEY 约束，表示主键约束。如一个表的主键内有两个或两个以上的列，则必须使用表约束将这两列加入主键内。不能直接跟在列后定义，而通过约束条件表达式来设置。语法格式如下所示。

> CONSTRAINT <约束名> PRIMARY KEY （属性组）

（3）FOREIGN KEY 约束 用于定义外码和参照表。

注意：外键的数据类型必须和参照表中的主码严格匹配。

语法格式如下所示。

> CONSTRAINT <约束名> FOREIGN KEY （外码）
> REFERENCES <被参照表名> （与外码对应的主码名）

【例 4-3】请用 SQL 语句建立以下 3 张基本表。

学生（学号，姓名，年龄，性别，所在系）

课程（课程号，课程名，先行课）

选课（学号，课程号，成绩）

要求：学生表中以学号为候选码，姓名不能为空，性别只能输"男"或"女"，年龄的缺省值为 20。

课程表中以课程号为候选码。

选课表中以学号和课程号为候选码，成绩限定为 0～100，并且要求学号与学生表中的学号建立参照关系，课程号与课程表中的课程号建立参照关系。

分析：在建表的时候首先要理解表和表之间是否存在参照关系，如有，则需要先建立被参照表再建立参照表。针对学生成绩数据库，我们需要先建立学生表和课程表，再建立选课表。

```
CREATE TABLE 学生（学号  CHAR（5）  NOT NULL  PRIMARY KEY,
               姓名  CHAR（8）  NOT NULL,
               年龄  SMALLINT  DEFAULT  20,
               性别  CHAR（2），
               所在系  CHAR（20），
CONSTRAINT  C1  CHECK（性别  IN（'男'，'女'）））
CREATE TABLE 课程（课程号  CHAR（5）  NOT NULL  PRIMARY KEY,
               课程名  CHAR（20），
               先行课  CHAR（5））
CREATE TABLE 选课
（学号  CHAR（5）  NOT NULL,
课程号  CHAR（5）  NOT NULL,
成绩  SMALLINT,
CONSTRAINT  C2  CHECK(成绩  BETWEEN 0 AND 100），
CONSTRAINT  C3  PRIMARY  KEY （学号，课程号），
CONSTRAINT  C4  FOREIGN  KEY （学号）  REFERENCES 学生(学号)，
CONSTRAINT  C5  FOREIGN  KEY （课程号）  REFERENCES 课程（课程号））
```

说明：执行过上面的代码后，检查数据库，会发现数据库中已经生成了这三张表。

二、修改表的结构

当表的结构不合适时，可以通过 ALTER TABLE 语句来修改表的结构。修改表的结构是受限制的，不可以进行任意的修改，可以进行的修改有增加新的属性、删除属性、删除完整性约束、修改属性。

1. 增加属性

语法格式如下所示。

```
ALTER　TABLE　<表名>
ADD　<新列名><数据类型> [<列级完整性约束条件>] [, …n]
```

【例4-4】向学生表中增加"家庭地址"和"电话"。

ALTER　TABLE　学生　ADD　家庭地址　VARCHAR（30），电话 CHAR（12）

2. 删除属性

语法格式如下所示。

```
ALTER　TABLE　<表名>
DROP　COLUMN　<列名>
```

【例4-5】在学生表中删除"家庭地址"和"电话"。

ALTER　TABLE　学生　DROP　COLUMN　家庭地址，电话

注意：不允许删除已定义列级完整性约束或表级完整性约束的属性，NOT NULL 约束除外，要删除这些属性必须先删除该属性上的约束条件。

例如，当执行下面的语句时

ALTER　TABLE　学生　DROP　COLUMN　性别

会发现这条语句无法执行，因为在"性别"属性上已定义了 CHECK 约束条件。【例4-5】可以执行，是因为在"家庭地址"和"电话"属性上没有约束。

3. 删除完整性约束条件

语法格式如下所示。

```
ALTER　TABLE　<表名>
DROP　<约束名>
```

【例4-6】从学生表中删除"性别"属性上的约束 C1，然后删除"性别"属性。

ALTER　TABLE　学生　DROP　C1

ALTER　TABLE　学生　DROP　COLUMN　性别

4. 修改属性

注意：只能改变宽度，增加 NOT NULL 约束，对于已有数据的表，只能将属性的宽度改为已有数据的宽度。

语法格式如下所示。

```
ALTER　TABLE　<表名>
ALTER　COLUMN　<列名>　<数据类型>
```

【例4-7】改变学生表中"所在系"的宽度为 varchar（16）。

ALTER　TABLE　学生　ALTER　COLUMN　所在系　VARCHAR（16）

三、删除表

语法格式如下所示。

```
DROP　TABLE　<表名>
```

注意：基本表一旦被删除，表中的数据及在此表基础上建立的索引、视图都将自动地全部被删除，所以要特别小心。不能删除已被定义为其他表的被参照表的表。

例如，当执行下面语句时：

DROP TABLE 学生

发现不能执行，原因是学生表已被选课表定义为被参照表。所以，删除表时要注意表和表之间的参照关系，正确的顺序是：先删除参照表，再删除被参照表。

四、索引

索引是对数据库表中一列或多列的值进行排序的一种结构，使用索引可快速访问数据库表中的特定信息。

数据库使用索引的方式与书籍中使用索引的方式很相似：它搜索索引以找到特定值，然后顺指针找到包含该值的行。

例如学生表的姓名列。如果要按姓名查找特定学生，与必须搜索表中的所有行相比，索引会帮助用户更快地获得该信息。

1. 索引的作用

索引提供指向存储在表的指定列中的数据值的指针，然后根据指定的排序顺序对这些指针排序。

索引的作用主要有以下几种。

① 通过创建唯一索引，可以保证数据记录的唯一性。

② 可以大大加快数据检索速度。

③ 可以加速表与表之间的连接，这一点在实现数据的参照完整性方面有特别的意义。

④ 在使用 ORDER BY 和 GROUP BY 子句中进行检索数据时，可以显著减少查询中分组和排序的时间。

⑤ 使用索引可以在检索数据的过程中使用优化隐藏器，提高系统性能。

2. 建立索引

语法格式如下所示。

```
CREATE   [UNIQUE] [CLUSTERED]   INDEX <索引名>
ON <表名>   （<列名 1 >[ASC | DESC] [，…]）
```

参数说明。

① UNIQUE：用于指定为表创建唯一索引，即不允许存在索引值相同的两行。

② CLUSTERED：用于指定创建的索引为聚簇索引。

③ ASC 升序，DESC 降序，默认为 ASC。

【例 4-8】为学生表建立按学号升序索引，然后再为选课表按学号升序和课程号降序建唯一索引。

CREATE INDEX 学生_学号 ON 学生（学号）

CREATE UNIQUE INDEX 选课_学号 ON 选课（学号 ASC，课程号 DESC）

3. 删除索引

语法格式如下所示。

```
DROP INDEX <表名.索引名>
```

【例 4-9】删除在例 4-7 中建立的索引。

DROP INDEX 学生.学生_学号

说明：删除索引的时候索引名前一定要加上表名。因为在不同的表中可以建立名称相同的索引。但是在同一张表中，不能建立名称相同的索引。

第四节 数据查询

数据库管理数据的一个重要意义在于用户能够简单方便地查询到所需的数据。数据查询也是对数据最频繁的操作之一。数据的查询技术是 SQL 的核心技术之一。

SQL 中的查询语句是 SELECT 语句，SELECT 语句的作用是根据用户的要求从数据库中搜索用户所需要的信息资料，并按照用户规定的格式和条件进行整理后，再返回给用户。可以说，SELECT 语句是 SQL 的基础，也是 SQL 的灵魂。

一、SELECT 语句基础

SELECT 语句具有数据查询、统计、分组和排序的功能。

语句格式如下所示。

```
SELECT    [ALL|DISTINCT]<目标列表达式>
FROM    <数据源>
[WHERE    <记录选择条件>]
[GROUP  BY   <分组列>   [HAVING <组选择条件>]]
[ORDER  BY   <排序列>    ASC|DESC [，…]]
```

参数说明如下所示。

SELECT 子句：用于指明查询结果集的目标列。

FROM 子句：用于指明查询的数据源，数据源可以是基本表或视图。如果数据源不在当前数据库中，则须在表名或视图名前加"数据库名"。

WHERE 子句：描述选择条件。

GROUP BY 子句：将查询结果的各行按一列取值相等的原则进行分组，如果有 HAVING 短语，则查询结果只是满足指定条件的组。

ORDER BY 子句：查询结果按一定顺序排序。

SELECT 语句的含义及执行顺序。

第一步，根据 WHERE 子句的条件表达式，从 FROM 子句指定的数据源（表或视图）中找出满足条件的行。

第二步，根据 SELECT 子句后面的目标列表达式选出指定列，形成结果表。

第三步，如果有 GROUP BY 子句，再按照分组列指定的列值进行分组，该列值相同的行成为一组，每个组产生结果表中的一条汇总记录。

第四步，如果有 GROUP BY 子句带有 HAVING 短语，则只有满足 HAVING 子句指定的组选择条件的组才可以输出。

第五步，如果有 ORDER BY 子句，则结果表再按照排序列指定的列值进行升序或降序排列。

二、选择列

下面在学生成绩数据库的基础上来学习 SELECT 语句。涉及的表有以下几个。

学生（学号，姓名，年龄，所在系）。

课程（课程号，课程名，先行课）。

选课（学号，课程号，成绩）。

1. 选择指定列

使用 SELECT 语句选择一个表或多个表中的某些列，列名和列名之间要以逗号分隔。

【例 4-10】求数学系学生的学号和姓名。

SELECT 学号，姓名

FROM 学生

WHERE 所在系='数学'

2. 选择所有列

使用"*"表示选择一个表或视图中的所有列。

【例 4-11】查询计算机系全体学生的基本信息。

SELECT *

FROM 学生

WHERE 所在系='计算机'

3. 计算列

使用 SELECT 语句对列进行查询时，在结果中可以输出对列值计算后的值，即 SELECT 语句可使用表达式作为结果。

【例 4-12】求选修了课程号为"c1"的学生学号和成绩，并将成绩乘以系数 0.8 输出。

SELECT 学号，成绩*0.8

FROM 选课

WHERE 课程号='c1'

4. 定义新列名

由于工作需要，希望把表中的列重新命名，为选择的列定义新的列名有两种方法。

> 语法格式一：表达式 AS 新列名。
>
> 语法格式二：新列名=表达式。

【例 4-13】求选修了课程号为"c1"的学生学号和成绩，并将成绩乘以系数 0.8 输出，并给新产生的列取名为"折算后成绩"。

语法一：

SELECT 学号，成绩*0.8 AS '折算后成绩'

FROM 选课

WHERE 课程号='c1'

语法二：

SELECT '折算后成绩'=学号，成绩*0.8

FROM 选课

WHERE 课程号='c1'

说明：可以看出，这两种语法得出的结果是一致的。

【例 4-14】查询全体学生的学号、姓名以及出生年份。

SELECT 学号，姓名，2006-年龄 AS 出生年份

FROM　学生

5. 取消结果集中的重复行

对表只选择其某些列时，可能会出现重复行。可以使用 DISTINCT 关键字消除结果集中的重复行，其语法格式如下所示。

> SELECT　DISTINCT 列名

关键字 DISTINCT 的含义是对结果集中的重复行只选择一个，保证行的唯一性。

【例 4-15】求选修了课程的学生学号。

SELECT　学号

FROM　选课

说明：这种重复的存在不仅没有意义，反而会影响结果数据的可用性。所以，我们需要去除重复行。

执行以下代码。

SELECT　DISTINCT　学号

FROM　选课

6、限制结果集的行数

如果 SELECT 语句返回的结果集的行数非常多，可以使用 TOP 子句限制其返回的行数。TOP 子句的基本语法格式如下所示。

> TOP n[PERCENT] 列名

表示只能从查询结果集返回指定前 n 行或指定 n% 行。n 可以是指定数目或百分比数目的行。若带 PERCENT 关键字，则表示返回结果集的前 n% 行。TOP 子句可以用于 SELECT、INSERT、UPDATE 和 DELETE 语句中。

【例 4-16】查询所有学生信息，返回前 5 行数据。

SELECT　TOP 5

FROM　学生

【例 4-17】查询所有学生的信息，返回前 50% 数据。

SELECT　TOP 50 PERCENT

FROM　学生

三、选择行

在 SQL 语句中，选择行是通过在 SELECT 语句中 WHERE 子句指定选择的条件来实现的。下面将详细讨论 WHERE 子句中查询条件的构成。WHERE 子句必须紧跟 FROM 子句之后。

1. 多条件查询

当选择行的条件有多个时，多个条件之间用 "AND/OR/NOT" 连接，分别表示条件之间的 "与/或/非" 的关系。

2. 比较运算符

比较运算符用于比较两个表达式的值，共有 9 个，分别是=（等于）、<（小于）、<=（小于等于）、>（大于）、>=（大于等于）、<>（不等于）、!=（不等于）、!<（不小于）、!>（不大于）。

比较运算的语法格式如下所示。

表达式 1 { = | < | <= | > | >= | <> | != | !< | !> } 表达式 2

说明：表达式不可以是 text、ntext 和 image 类型的表达式。

当两个表达式的值均不为空值（NULL）时，比较运算返回逻辑值 TRUE（真）或 FALSE（假）。而当两个表达式的值中有一个为空值或都为空值时，比较运算将返回 UNKNOWN。

【例 4-18】查询考试成绩有不及格的学生的学号。

SELECT　DISTINCT　学号

FROM　选课

WHERE　成绩<60

3. 通配符

在需要进行模糊查询的情况下，比如查询所有姓张的同学的信息时，需要用到通配符。常用的通配符见表 4-4。

表 4-4　通配符

通配符	说　　明
%	代表 0 个或多个字符
_（下划线）	代表单个字符
[]	指定范围（如[a-z]、[0-9]）或集合（如[12345]）中的任何单个字符
[^]	指定不属于范围（如 [^a-f]、[^0-9]）或集合（如[^abcdef]）的任何单个字符

通配符使用说明。

① 选择条件中要使用 LIKE 谓词，用于指出一个字符串是否与指定的字符串相匹配。

② 运算对象可以是 char、varchar、text、ntext、datetime 和 smalldatetime 类型的数据，返回逻辑值 TRUE 或 FALSE。

③ 使用关键字 escape 可指定转义符，转义字符应为有效的 SQL 字符，没有默认值，且必须为单个字符。当字符串中含有与通配符相同的字符时，此时应通过该字符前的转义字符指明其为字符串中的一个匹配字符。

④ NOT LIKE：与 LIKE 的作用相反。

⑤ 使用带%通配符的 LIKE 时，若使用 LIKE 进行字符串比较，模式字符串中的所有字符都有意义，包括起始或尾随空格。

【例 4-19】查询所有姓"李"的学生的学号，姓名。

SELECT　学号，姓名

FROM　学生

WHERE　姓名　LIKE　'李%'

【例 4-20】查询所有姓李的且为单名的学生的学号，姓名。

SELECT　学号，姓名

FROM　学生

WHERE　姓名　LIKE　'李_'

【例 4-21】查询课程名以"100%"开头且倒数第 3 个字符为"i"的课程情况。

分析：因为字符串中有通配符，所以需要用到转义字符。

SELECT　*

FROM　课程

WHERE　课程名　LIKE '100\%%i__'　escape '\'　--escape 用于说明 "\" 是转义字符

说明：转义字符不仅可以用 "\"，还可以用其他符号，比如 "#"、"@"、"&" 等，但必须要用 escape 关键字说明。

4. 范围比较

用于范围比较的关键字有两个：BETWEEN 和 IN。BETWEEN 关键字指出查询范围。BETWEEN 关键字的语法格式如下所示。

表达式　[NOT]　BETWEEN　值 1　AND　值 2

表示：表达式不在值 1 和值 2 之间取值。

IN 关键字的语法格式如下所示。

in （值 1，值 2，……值 n）

表示：指定取值范围，在值 1、值 2、……值 n 之间取值。

【例 4-22】求选修了课程号为 "c1" 且成绩为 80～90 分的学生学号和成绩，并将成绩乘以系数 0.8 输出。

SELECT　学号，成绩*0.8

FROM　选课

WHERE　课程号='c1' AND 成绩　BETWEEN　80 AND　90

【例 4-23】查询计算机系，数学系，物理系三个系的全体学生的学号，姓名，所在系。

SELECT　学号，姓名，所在系

FROM　学生

WHERE　所在系　IN（'数学'，'计算机'，'物理'）

【例 4-24】检索数学系或计算机系姓 "陈" 的学生的信息。

SELECT　*

FROM　学生

WHERE　所在系　IN（'数学'，'计算机'）AND　姓名　LIKE　'陈%'

5. 空值比较

当需要判定一个表达式的值是否为空值时，使用 IS NULL 关键字。

语法格式如下所示。

表达式　IS [NOT] NULL

当不使用 NOT 时，若表达式的值为空值，返回 TRUE，否则返回 FALSE。

当使用 NOT 时，结果刚好相反。

【例 4-25】求缺少成绩的学生的学号和课程号。

SELECT　学号，课程号　FROM　选课　WHERE　成绩　IS　NULL

四、聚合函数

SELECT 语句的表达式中还可以包含所谓的聚合函数。聚合函数常常用于对一列值进行计算，然后返回一个结果值。

聚合函数通常与 GROUP BY 子句一起使用。

常用聚合函数见表 4-5。

表 4-5 常用聚合函数

函 数 名	说 明
AVG	求组中值的平均值
COUNT	求组中项数，返回 int 类型整数
COUNT_BIG	求组中项数，返回 bigint 类型整数
GROUPING	产生一个附加的列
MAX	求最大值
MIN	求最小值
SUM	返回表达式中所有值的和

【例 4-26】求学生的总人数。

SELECT COUNT（*）

FROM 学生

【例 4-27】求选课的总人次数。

SELECT COUNT（*）

FROM 选课

【例 4-28】求选课的总人数。

SELECT COUNT（DISTINCT 学号）

FROM 选课

【例 4-29】求 c1 课程的最高分、最低分、平均分。

SELECT MAX（成绩），MIN（成绩），AVG（成绩）

FROM 选课

WHERE 课程号='c1'

五、连接查询

当查询数据涉及的属性不在同一张表中（或者说分别存在不同的表中）时，需要把表进行连接。包含连接操作的查询语句成为连接查询。

连接查询包括等值连接、自然连接、求笛卡尔积、一般连接、外连接、内连接、左连接、自连接等。

1. 一般连接

连接查询的数据源为多个表（也可以是视图），连接条件通过 WHERE 子句表达，连接条件和记录选择条件之间用 AND 衔接。

【例 4-30】查询学生的学号、姓名及所选修的课程号、成绩。

SELECT 学生.学号，姓名，课程号，成绩

FROM 学生，选课

WHERE 学生.学号=选课.学号

【例 4-31】查询学生的学号、姓名及所选修的课程名及成绩。

SELECT 学生.学号，姓名，课程名，成绩

FROM 学生，课程，选课

WHERE 学生.学号=选课.学号 AND 课程.课程号=选课.课程号

【例 4-32】查询考试成绩有不及格的学生的学号、姓名。

SELECT　DISTINCT　学生.学号，姓名

FROM　学生，选课

WHERE　成绩<60　AND　学生.学号=选课.学号

注意。

第一、如果使用了一个以上的表，但没有 WHERE 子句，则结果为广义笛卡尔积。

例如

SELECT　学生.学号，课程号，成绩

FROM　学生，选课

WHERE　学生.学号=选课.学号

结果为学生表与选课表中对应的记录。

而

SELECT　学生.学号，课程号，成绩

FROM　学生，选课

结果为笛卡尔积。

第二、连接操作不只在两个表之间进行，一个表内也可以进行自身连接，称为自连接。

【例 4-33】查询每一门课的间接先行课（即先行课的先行课）。

SELECT　A.课程号，A.课程名，B.先行课

FROM　课程 A，课程 B

WHERE　A.先行课=B.课程号

2. 内连接

指定了 INNER JOIN 关键字的连接是内连接，内连接按照 ON 所指定的连接条件合并两个表，返回满足条件的行，其中 INNER 是默认是的，可以省略。

内连接的结果集中只保留了符合连接条件的记录，而排除了两个表中没有匹配的记录情况，前面所举的例子均属内连接

3. 外连接

指定了 OUTER 关键字的连接为外连接，外连接的结果表不但包含满足连接条件的行，还包括相应表中的所有行。外连接包括 3 种。

左外连接（LEFT OUTER JOIN）：结果表中除了包括满足连接条件的行外，还包括左表的所有行。

右外连接（RIGHT OUTER JOIN）：结果表中除了包括满足连接条件的行外，还包括右表的所有行。

完全外连接（FULL OUTER JOIN）：结果表中除了包括满足连接条件的行外，还包括两个表的所有行。

说明：其中的 OUTER 关键字可省略。外连接中不匹配的分量用 NULL 表示。

【例 4-34】所有学生的选课情况（包括没有选课的学生）。

SELECT　学生.学号，课程号，成绩

FROM　学生，选课

WHERE　学生.学号*=选课.学号

【例 4-35】查询全部选课情况（包括学生表中没有的学生的选课信息）。

SELECT　学生.学号，课程号，成绩

FROM 学生，选课

WHERE 学生.学号=选课.学号

外连接除了以上介绍的几种外，还有交叉连接。交叉连接实际上是将两个表进行笛卡尔积运算，结果集是由第一个表的每行与第二个表的每一行拼接后形成的表，因此结果表的行数等于两个表行数之积。

交叉连接也可以使用 WHERE 子句进行条件限定。

【例4-36】查询全部选课情况（包括学生表中没有的学生的选课信息）。

SELECT 学生.学号，课程号，成绩 FROM 学生 CROSS JOIN 选课

六、嵌套查询

在解决某些问题时，若用连接查询无法实现，则可以考虑使用嵌套查询。比如查询"陈力"所在系的全体学生的学号，姓名，如果用连接查询是无法实现的。

所谓嵌套查询是指，多个查询语句嵌套使用，一个查询语句的结果是另一个查询语句的条件。嵌套在另一个查询语句内的查询语句成为子查询。

子查询除了可以用在 SELECT 语句中，还可以用在 INSERT、UPDATE 及 DELETE 语句中。所以，有关表数据的插入、修改、删除的内容，本书放在数据查询之后讲解。

子查询通常与 IN、EXIST 谓词及比较运算符结合使用。

嵌套查询也可以理解为：一个 SELECT…FROM…WHERE 语句称为一个查询块，将一个查询块嵌套在另一个查询块的 WHERE 子句或 HAVING 短语的条件中的查询称为嵌套查询或子查询。

嵌套查询可以分为以下几种。

① 带 IN 谓词的子查询。

② 带比较运算符的子查询。

③ 带 ANY 或 ALL 的子查询。

④ 带 EXISTS 谓词的子查询。

下面分别介绍这几种查询。

1. IN 子查询

IN 子查询用于进行一个给定值与多值（或一个值）比较，而比较符（如"="）用于一个值与另一个值之间的比较。所以，嵌套查询中可以用"="时可以用"in"，而当可以"in"时未必可以用"="。

语法格式如下所示。

表达式 [NOT] IN （子查询）

说明：当表达式与子查询的结果表中的某个值相等时，IN 谓词返回 TRUE，否则返回 FALSE。若使用了 NOT，则返回的值刚好相反。

【例4-37】查询"陈力"所在系的全体学生的学号、姓名。

SELECT 学号，姓名

    FROM 学生

    WHERE 所在系 IN

    （SELECT 所在系

    FROM 学生

WHERE 姓名='陈力'）

说明：这个题目用连接是无法完成的。

【例 4-38】查询选修了"计算机导论"的学生的学号。

SELECT 学号

FROM 选课

WHERE 课程号 IN

（SELECT 课程号

FROM 课程

WHERE 课程名='计算机导论'）

此例也可用连接查询实现。

SELECT 学号 FROM 选课，课程

WHERE 选课.课程号=课程.课程号 AND 课程名='计算机导论'

【例 4-39】查询没有选修"计算机导论"的学生的学号。

SELECT 学号

FROM 学生

WHERE 学号 NOT IN

（SELECT 学号

FROM 选课

WHERE 课程号 IN

（SELECT 课程号

FROM 课程

WHERE 课程名='计算机导论'））

【例 4-40】查询选修了"计算机导论"的学生的学号、姓名。

SELECT 学号，姓名

FROM 学生

WHERE 学号 IN

（SELECT 学号

FROM 选课

WHERE 课程号 IN

（SELECT 课程号

FROM 课程

WHERE 课程名='计算机导论'））

此例也可用连接查询。

SELECT 学生.学号，姓名

FROM 学生，选课，课程

WHERE 学生.学号=选课.学号

AND 选课.课程号=课程.课程号 AND 课程名='计算机导论'

【例 4-41】检索所有课程成绩都在 80 分及 80 分以上的学生的学号、姓名。

SELECT DISTINCT 学生.学号，姓名

FROM 学生，选课

WHERE 学生.学号=选课.学号 AND 学号 NOT IN
（SELECT 学号
FROM 选课
WHERE 成绩<80 OR 成绩 IS NULL）

2. 比较子查询

这种子查询可以认为是 IN 子查询的扩展，使表达式的值与子查询的结果进行比较运算，语法格式如下所示。

表达式{<|<=|=|>|>=|!=|<>|!<|!>} {ALL|ANY} （子查询）

其中：

① 表达式为要进行比较的表达式。

② ALL 和 ANY 说明对比较运算的限制。

③ ALL 指定表达式要与子查询结果集中的每个值都进行比较，当表达式与每个值都满足比较的关系时，才返回 TRUE，否则返回 FALSE。

④ ANY 表示表达式只要与子查询结果集中的某个值满足比较的关系时，就返回 TRUE，否则返回 FALSE。

常用的 all 和 any 与比较符结合及其语义见表 4-6。

表 4-6 all 和 any 与比较符结合及其语义

操 作 符	含 义
>ANY	大于子查询结果中的某个值
<ANY	小于子查询结果中的某个值
>=ANY	大于等于子查询结果中的某个值
<=ANY	小于等于子查询结果中的某个值
<=ANY	小于等于子查询结果中的某个值
=ANY	等于子查询结果中的某个值
!=ANY 或<>ANY	或不等于子查询结果中的某个值
>ALL	大于子查询结果中的所有值
<ALL	小于子查询结果中的所有值
>=ALL	大于等于子查询结果中的所有值
<=ALL	小于等于子查询结果中的所有值
<=ALL	小于等于子查询结果中的所有值
=ALL	等于子查询结果中的所有值（通常没有实际意义）
!=ALL 或<>ALL	或不等于子查询结果中的任何一个值

【例 4-42】查询 c1 课程成绩高于"王红"的学生的学号、成绩。

SELECT 学号，成绩
FROM 选课
WHERE 课程号='C1' AND 成绩>
（SELECT 成绩
FROM 选课
WHERE 课程号='C1' AND 学号=
（SELECT 学号

```
                FROM 学生
                WHERE   姓名='王红'））
```

【例4-43】查询其他系中比计算机系某一学生年龄小的学生的信息。

分析：即求年龄小于计算机系年龄最大者的学生。

```
SELECT  *
FROM  学生
WHERE  所在系<>'计算机'  AND   年龄<
            ANY （SELECT  年龄
                  FROM  学生
                  WHERE  所在系='计算机'）
```

此例也可用 MAX（）实现：

```
SELECT  *
FROM  学生
WHERE  所在系<>'计算机'  AND     年龄<
        （SELECT   MAX（年龄）
        FROM  学生
        WHERE  所在系='计算机'）
```

【例4-44】查询其他系中比计算机系学生年龄都小的学生的信息。

分析：题意是要求年龄小于计算机系年龄最小者的学生。

```
SELECT  *
FROM  学生
WHERE  年龄<ALL
        （SELECT  年龄
        FROM  学生
        WHERE  所在系='计算机'）
AND  所在系<>'计算机'
```

3. EXISTS 子查询

EXISTS 谓词用于测试子查询的结果是否为空表，若子查询的结果集不为空，则 EXISTS 返回 TRUE，否则返回 FALSE。EXISTS 还可与 NOT 结合使用，即 NOT EXISTS，其返回值与 EXISTS 刚好相反。

注意：

① EXISTS 代表存在量词，EXISTS 操作符后的子查询不返回任何数据，它只返回一个逻辑值，如果结果不为空集，则返回真，否则返回假。

② 子查询的查询条件依赖于父查询的某个属性值，这类查询称为相关子查询。

③ 相关子查询的处理过程：首先取外层的父查询的第一个记录，根据该记录的属性值来处理内层的子查询，若子查询返回真，则取此记录放入结果集，否则放弃该记录，然后再检查下一个记录，直至表中全部记录检查完毕为至。

④ SQL 没有全称量词，必须将全称量词转换为等价的带有存在量词的谓词。

【例4-45】查询选修了c2课程的学生的姓名。

```
SELECT  姓名
```

FROM 学生

WHERE EXISTS（SELECT *

FROM 选课

WHERE 学生.学号=学号 AND 课程号='c2'）

该查询也可以用表连接的方式实现。

SELECT 姓名

FROM 学生，选课

WHERE 学生.学号=选课.学号 AND 课程号='c2'

【例 4-46】查询选修了全部课程的学生的姓名。

SELECT 姓名

FROM 学生

WHERE NOT EXISTS

（SELECT *

FROM 课程

WHERE NOT EXISTS

（SELECT *

FROM 选课

WHERE 学生.学号=学号 AND 课程.课程号=课程号））

说明：也可以这样理解这个题目的要求，即要查询这样的学生，没有一门课他不选。第一个 NOT EXISTS 表示不存在这样的课程记录（没有这样一门课），第二个 NOT EXISTS 表示该学生没有选修的选课记录，也就是双重否定（他不选修）。

七、数据分组

1. GROUP BY 子句

GROUP BY 子句主要用于根据字段对行分组。例如，根据学生所学的专业对学生表中的所有行分组，结果是每个专业的学生成为一组。语法格式如下所示。

GROUP BY 分组表达式 [, …n]

【例 4-47】查询各门课的课程号、最高分、最低分、平均分。

SELECT 课程号，MAX（成绩）AS 最高分，MIN（成绩）AS 最低分，AVG（成绩）AS 平均分

FROM 选课

GROUP BY 课程号

【例 4-48】查询每个学生的学号、姓名及平均分。

SELECT 学生.学号，姓名，AVG（成绩）AS 平均分

FROM 选课，学生

WHERE 学生.学号=选课.学号

GROUP BY 学生.学号，姓名

【例 4-49】查询各门课的课程号及相应的选课人数。

SELECT 课程号，COUNT（学号）

FROM 选课

GROUP　BY　课程号

2．HAVING 子句

语法格式如下所示。

HAVING <查询条件 >

说明：查询条件与 WHERE 子句的查询条件类似，不过 HAVING 子句中可以使用聚合函数，而 WHERE 子句中不可以。

【例 4-50】查询选了一门以上课程的学生的学号。

SELECT　学号

FROM　选课

GROUP BY　学号

HAVING COUNT（*）>1

WHERE 和 HAVING　的区别如下所示。

第一、作用的对象不同。

WHERE 子句作用于数据源，从中选择满足条件的记录，HAVING 短语作用于结果集的分组中选择满足条件的组，例如上例不能写成下面的语句。

SELECT　学号　FROM　选课

GROUP　BY　学号

WHERE　COUNT（*）>1

第二、HAVING 短语必须与 GROUP　BY 子句合用，不能单独使用。

【例 4-51】求选课门数最多的学生的学号。

SELECT　学号

FROM　选课

GROUP　BY　学号

HAVING　COUNT（课程号）>=ALL

　　　　（SELECT　COUNT　（课程号）

　　　　FROM　选课

　　　　GROUP　BY　学号）

【例 4-52】求选课门数最多的学生的学号、姓名。

SELECT　学号，姓名

FROM　学生

WHERE　学号　IN

　　　（SELECT　学号

　　　FROM　选课

　　　GROUP　BY　学号

　　　HAVING　COUNT（学号）>=ALL

　　　　　（SELECT　COUNT　（学号）

　　　　　FROM　选课

　　　　　GROUP　BY　学号））

也可以用下面的语句实现。

```
SELECT   学生.学号，  姓名
FROM   学生，  选课
WHERE   学生.学号 = 选课.学号
GROUP  BY  学生.学号，  姓名
HAVING   COUNT（学号）>=ALL
         （SELECT   COUNT （学号）
         FROM   选课
         GROUP  BY  学号）
```

八、排序

在应用中经常要对查询的结果排序输出，例如学生的成绩由高到低排序。在 SELECT 语句中，使用 ORDER BY 子句对查询结果进行排序。ORDER BY 子句的语法格式如下所示。

[ORDER BY   排序列 [ASC | DESC] } [，…n]]

【例 4-53】查询选修了 C1 课程的学生学号，成绩，并要求结果按成绩的降序排列。

```
SELECT   学号，成绩
FROM   选课
WHERE   课程号='c1'
ORDER BY   成绩   DESC
```

说明：

① 排序时 NULL 为最小；

② ORDER BY 子句中可以用 SELECT 子句中的列的序号来表示列名。

例如

SELECT 学号，成绩 FROM 选课 WHERE 课程号='c1' ORDER BY 2 DESC

九、集合运算

1、INTO

使用 INTO 子句可以将 SELECT 语句查询所得的结果保存到一个新建的表中。INTO 子句的语法格式如下所示。

[INTO   new_table]

其中，new_table 是要创建的新表名。包含 INTO 子句的 SELECT 语句执行后所创建的表的结构由 SELECT 所选择的列决定，新创建的表中的记录由 SELECT 的查询结果决定。若 SELECT 的查询结果为空，则创建一个只有结构而没有记录的空表。

【例 4-54】建立一个三好学生表，包括学号、姓名、专业。

```
SELECT   学号,姓名,专业
INTO   三好学生
FROM   学生
WHERE   备注   LIKE   '三好学生'
```

2. UNION

使用 UNION 子句可以将两个或多个 SELECT 语句查询的结果合并成一个结果集。

【例 4-55】求选修了 C1 课程或选修了 C2 课程的学生的学号。

SELECT   学号
FROM   选课
WHERE   课程号 = 'C1'
UNION
SELECT   学号
FROM   选课
WHERE   课程号 = 'C2 '

【例 4-56】也可以用下面的语句实现。

SELECT   学号
FROM   选课
WHERE   课程号 = 'C1'   OR   课程号 = 'C2 '

3. EXCEPT 和 INTERSECT

EXCEPT 和 INTERSECT 用于比较两个查询的结果，返回非重复值。

使用 EXCEPT 和 INTERSECT 关键字比较两个查询的规则和 UNION 语句一样。

EXCEPT 从 EXCEPT 关键字左边的查询中返回右边查询没有找到的所有非重复值。

INTERSECT 返回 INTERSECT 关键字左右两边的两个查询都返回的所有非重复值。

EXCEPT 或 INTERSECT 返回的结果集的列名与关键字左侧的查询返回的列名相同。

【例 4-57】求选修了 C1 课程但没有选修 C2 课程的学生的学号。

SELECT   学号   FROM   选课   WHERE   课程号 = 'C1'
EXCEPT
SELECT   学号   FROM   选课   WHERE   课程号 <> 'C2 '

【例 4-58】求选修了 C1 课程又选修了 C2 课程的学生的学号。

SELECT   学号   FROM   选课   WHERE   课程号 = 'C1'
INTERSECT
SELECT   学号   FROM   选课   WHERE   课程号 = 'C2 '

此题也可以用下面的语句实现。

SELECT   学号
FROM   选课
WHERE   课程号 = 'C1'   AND   学号 in
                （SELECT   学号
                FROM   选课
                WHERE   课程号 = 'C2'）

但不可以用下面的查询来实现。

SELECT   学号   FROM   选课
WHERE   课程号 = 'C1'   AND   课程号 = 'C2 '

这是因为一个二维表的单元格中只可能存在一个确定值。

第五节   表数据操作

针对表中数据的操作主要有 4 种：插入数据、修改数据，删除数据，查询数据。

一、插入数据

插入数据有两种方法，一种是每次插入一条记录（记录），一种是一次插入一个集合。

1. 插入单个记录

语法格式如下所示

> INSERT INTO <表名>　[(<属性列 1> [,　 <属性列 2> …)]
> VALUES (<常量 1> [,　 <常量 2>]…)

【例 4-59】在例 4-3 所建立的数据库中，向选课表插入一条数据。表结构为：选课（学号，课程号，成绩）。

INSERT INTO　选课（学号，课程号，成绩）

VALUES（'98008'，'c5'，70）

说明。

第一、在 INTO 子句中若没有指明任何列名，则在 VALUES 子句中必须在每个列上均有值，并且要与表中属性的逻辑顺序对应。

比如在以下语句中：

INSERT INTO　选课　VALUES（'98008'，'c5'，70）　　　　　（对）

INSERT INTO　选课　VALUES（'98008'，'c5'）　　　　　　（错）

这是因为提供的值的数量和表中属性数量不一致。

INSERT INTO　选课　VALUESs'c2'，'98008'，70）　　　　（错）

这是因为提供的值的顺序与表中属性的逻辑顺序不对应。

第二、如果某些列在 INTO 子句中没有出现，则新插入的记录在这些列上取空值，但如果这些列在表中定义为 NOT NULL，则不能在 INTO 子句中省略。

比如在以下语句中：

INSERT INTO　选课（学号，课程号）　VALUES（'98008'，'c4'）　　　（对）

INSERT INTO　选课（学号，成绩）　VALUES（'98008'，70）　　　　（错）

这是因为表中的课程号属性不允许为空，而该语句却没有为它提供值。

第三、INTO 子句中列名与 VALUES 子句中的常量要求逻辑顺序一致。

比如在以下语句中：

INSERT INTO　选课（学号，课程号）　VALUES（'98008'，'c4'）　　　（对）

INSERT INTO　选课（学号，课程号）　VALUES（'c1'，'98008'）　　　（错）

这是因为 INTO 子句中列名与 VALUES 子句中的常量要求逻辑顺序不一致。

2. 插入子查询的结果集

语法格式如果所示。

> INSERT INTO <表名>　[（ <属性列 1> [,　 <属性列 2> …)）]　 <子查询>

【例 4-60】求各专业学生的平均学分，并要求将结果存入数据库中。

第一步，先建立"各专业平均学分表"。

CREATE　TABLE　各专业平均年龄表(专业名 CHAR（10），

平均学分　TINYINT）

INSERT　INTO　各专业平均年龄表

第二步，再将平均年龄写入此表中。

SELECT　专业名，AVG（总学分）　FROM　学生　GROUP BY　专业名

【例 4-61】将学生表中专业名为'计算机'的各记录的学号、姓名和专业名列的值插入到学生 1 表的各行中。

第一步，用如下的 CREATE 语句建立表学生 1。

CREATE TABLE　学生 1

　（　学号　CHAR（6）NOT NULL，

　　　姓名　CHAR（8）　NOT NULL，

　　　专业　CHAR（10）　NULL　）

第二步，用如下的 INSERT 语句向学生 1 表中插入数据。

INSERT INTO　学生 1

SELECT　学号，姓名，专业名

FROM　学生

WHERE　专业名='计算机'

二、删除数据

语法格式如下所示。

```
DELETE FROM <表名>　[WHERE <条件>]
```

注意：

① 如果无 WHERE 子句，则表示删除表中的全部记录。

② WHERE 子句中可以嵌入子查询。

③ 一个 DELETE 语句只能删除一个表中的的记录，即 FROM 子句中只能有一个表名，不允许有多个表名。

【例 4-62】删除"计算机"专业的学生记录及该专业学生所有的选课记录。

DELETE　FROM　选课　WHERE　学号　IN

　　　（SELECT　学号 FROM　学生　WHERE　专业名='计算机'）

DELETE　FROM　学生　WHERE 所在系='计算机'

【例 4-63】将数据库的学生表中的所有行都删除。

DELETE　学生表

说明：该语句能删除学生表表中的所有行。

三、修改数据

修改表中数据的语法格式如下所示。

```
UPDATE <表名>
SET　<列名 1>=<表达式 1> [, <列名 2>= <表达式 2> ][, …n]
[WHERE <条件>]
```

注意：

第一，如果无 WHERE 子句，则表示修改表中的全部记录。

【例 4-64】将学生表中每个学生总学分加 1。

UPDATE　学生　SET 总学分=总学分+1

第二，WHERE 子句中可以嵌入子查询。

【例 4-65】将"高等数学"的成绩加 5 分。

UPDATE　选课　SET　成绩=成绩+5 WHERE　课程号
=（SELECT 课程号 FROM 课程 WHERE 课程名='高等数学'）

第六节　视　　图

视图可从一个或者多个表或视图中导出，和真实的表一样，视图也包括几个被定义的数据列和多个数据行，但视图只是一个虚拟表，所以数据库中只存放视图的定义，而不存放视图的数据，这些数据来源于基本表。

视图一经定义以后，就可以像表一样被查询、修改、删除和更新。

视图具有以下优点。

① 为用户集中数据，简化用户的数据查询和处理。

② 屏蔽数据库的复杂性。用户不必了解数据库中复杂的表结构，并且数据库中表的更改也不影响用户对数据库的使用。

③ 简化用户权限的管理。只需授予用户使用视图的权限，而不必指定用户只能使用表的特定列，也增加了数据的安全性。

④ 便于数据共享。各用户不必都定义和存储自己所需的数据，可共享数据库的数据，这样同样的数据只需存储一次。

⑤ 可以重新组织数据以便输出到其他应用程序中。

一、定义视图

语法格式如下所示。

```
CREATE VIEW <视图名>  [ （列名组） ]  AS  <子查询>
[WITH CHECK OPTION]
```

【例 4-66】建立计算机系的学生视图。

CREATE　VIEW　计算机系学生

AS

SELECT　＊

FROM　学生

WHERE　所在系='计算机'

【例 4-67】将学生的学号、总成绩、平均成绩定义成一视图'成绩汇总'。

CREATE　VIEW　成绩汇总（学号，总成绩，平均成绩）

AS

SELECT　学号，SUM（成绩），AVG（成绩）

FROM　选课

GROUP BY　学号

说明：

（1）WITH　CHECK　OPTION 表示今后对视图进 UPDATE，DELETE，INSERT 操作时，仍要保证满足子查询中的条件。

比如，执行下面的语句建立一个计算机学生 1 的视图。

CREATE　VIEW　计算机系学生 1

AS

SELECT　*

FROM　学生

WHERE　所在系='计算机'

WITH CHECK OPTION

然后执行下面的两条语句。

UPDATE　计算机系学生 1

　SET　年龄=年龄+1

　WHERE　学号='98004'　　　　//可以执行。

UPDATE　计算机系学生 1

　SET　所在系='物理'

　WHERE　学号='98004'　　　　//不可执行。

（2）列名组省略时，表示组成视图的各个属性列名由子查询的 SELECT 子句中的目标列组成，列名全部省略或者全部指定。

（3）在下列 3 种情况下必须指定列名组。

① 目标列不是单纯的属性名。

② 有同名属性。

③ 视图中需要改列名。

【例 4-68】创建 CS_KC 视图，包括计算机专业各学生的学号、其选修的课程号及成绩。要保证对该视图的修改都要符合专业为计算机这个条件。

CREATE VIEW CS_KC WITH ENCRYPTION

AS

SELECT　学生.学号，课程号，成绩

FROM　学生，选课

WHERE　学生.学号 =选课.学号　AND　专业='计算机'

WITH CHECK OPTION

二、使用和修改视图

1．查询视图

视图可以和基本表一样被查询，方法与基本表基本相同。

【例 4-69】查找平均成绩在 80 分以上的学生的学号和平均成绩。

第一步，首先创建学生平均成绩视图 XS_KC_AVG，包括学号（在视图中列名为 num）和平均成绩（在视图中列名为"平均成绩"）。

CREATE　VIEW　XS_KC_AVG (学号，平均成绩)

AS

SELECT 学号，　AVG(成绩) FROM　选课

GROUP BY 学号

第二步，再对 XS_KC_AVG 视图进行查询。

```
SELECT    *
FROM    XS_KC_AVG
WHERE   平均成绩>=80
```

2. 插入数据

使用 INSERT 语句通过视图向基本表插入数据，方法与基本表基本相同。

【例 4-70】向 CS_XS 视图中插入以下一条记录('081115'，'刘明仪'，1，'1998-3-2'，'计算机'，50，NULL)。

```
INSERT INTO CS_XS
VALUES('081115'，'刘明仪'，1，'1998-3-2'，'计算机'，50，NULL)
```

说明：当视图所依赖的基本表有多个时，不能向该视图插入数据，因为这将会影响多个基本表。比如，无法向视图 CS_KC 插入数据，因为 CS_KC 依赖于两个基本表，学生表和选课表。

3. 修改数据

使用 UPDATE 语句可以修改视图中的数据，语法格式和使用方法与基本表基本相同。

【例 4-71】将 CS_XS 视图中所有学生的总学分增加 8。

```
UPDATE CS_XS
SET  总学分=总学分+8
```

说明：这实际上是修改基本表。学生表字段值在原来基础上增加 8。若一个视图依赖于多个基本表，则一次修改该视图只能变动一个基本表的数据。

【例 4-72】将 CS_KC 视图中学号为 081101 的学生的 101 课程成绩改为 90。

```
UPDATE CS_KC
SET  成绩=90
WHERE  学号='081101'   AND  课程号='101'
```

说明：视图 CS_KC 依赖于两个基本表，学生表和选课表，对视图 CS_KC 的一次修改只能改变学号（源于学生表表）或者课程号和成绩（源于选课表表）。

比如，以下的修改是错误的。

```
UPDATE CS_KC
SET  学号='081120'，课程号='208'
WHERE  成绩=90
```

由于视图是不实际存储的虚表，因此可以通过对视图的数据的更新实现对基本表的更新，数据库系统一般不支持下列几种情况的视图更新。

① 由两个以上基本表导出的视图。

② 视图的字段来自表达式或函数。

③ 视图中有分组子句或使用了 DISTINCT 短语。

④ 视图定义中有嵌套查询，且内层查询中涉及了与外层一样的导出该视图的基本表。

⑤ 在一个不允许更新的视图上定义的视图。

三、删除视图

语法格式如下所示。

```
DROP VIEW   <视图名>
```

【例 4-73】删除视图"计算机系学生"。

DROP VIEW 计算机系学生

说明：当一个视图被删除后，由该视图导出的其他视图也消失。所以，删除视图时要小心。

第七节　游　标

SQL 有两种方式。一种为独立式 SQL，另一种为嵌入式 SQL。对于嵌入式 SQL 而言，SQL 是集合处理方式，主语言是单记录处理方式，怎么协调呢？方法是引入游标。游标是系统为用户开设的一个数据缓冲区，存放 SQL 语句的执行结果。每个游标区都有一个名字。用户通过游标逐一获取记录，并赋给主变量，交主语言进一步处理。

SQL Server 通过游标提供了对一个结果集进行逐行处理的能力。游标可看做是一种特殊的指针，它与某个查询结果相联系，可以指向结果集的任意位置，以便对指定位置的数据进行处理。使用游标可以在查询数据的同时对数据进行处理。

在 SQL Server 中，有两类游标可以用于应用程序中，前端（客户端）游标和后端（服务器端）游标。服务器端游标是由数据库服务器创建和管理的游标，而客户端游标是由 ODBC 和 DB-Library 支持，在客户端实现的游标。

在客户端游标中，所有的游标操作都在客户端的高速缓存中执行。最初实现 DB-Library 客户端游标时 SQL Server 尚不支持服务器游标，而 ODBC 客户端游标是为了用于仅支持游标特性默认设置的 ODBC 驱动程序。由于 DB-Library 和 SQL Server ODBC 驱动程序完全支持通过服务器端游标的游标操作，所以应尽量不使用客户端游标。SQL Sever 2005 中对客户端游标的支持也主要是考虑向后兼容。本节除非特别指明，所说的游标均为服务器端游标。

SQL Server 对游标的使用要遵循：声明游标→打开游标→读取数据→关闭游标→删除游标。下面我们通过【例 4-74】来学习游标的使用方法。

【例 4-74】要求使用游标从学生表中把所有姓名为"李四"的学生的学号、姓名逐行读出。

一、声明游标

定义游标意味着定义了一个游标变量，并使这个游标变量指向指定的结果集。

语法格式如下所示。

```
DECLARE 游标 CURSOR FOR SELECT 语句
```

【例 4-74】第一步，定义游标。

```
DECLARE c1 CURSOR FOR
SELECT 学号，姓名
FROM 学生
WHERE 姓名='李四'
```

二、打开游标

声明游标后，要使用游标从中提取数据，就必须先打开游标。在 T-SQL 中，使用 OPEN 语句打开游标，其语法格式如下所示。

```
OPEN 游标；
```

【例 4-74】第二步，打开游标。

```
OPEN c1；
```

三、读取数据

游标打开后，就可以使用 FETCH 语句从中读取数据。

FETCH 语句的执行可以分为两个步骤。

（1）从当前位置读取一条记录并保存在变量中。

（2）游标自动下移，指向下一条记录。

语法格式如下所示。

```
FETCH 游标 INTO 变量；
```

【例 4-74】第三步，读取数据。

```
FETCH c1 INTO @id，@name；
WHILE @@fetch_status=0
    BEGIN
        FETCH c1 INTO @id，@name；
    END
```

四、关闭游标

游标使用完以后，要及时关闭。关闭游标使用 CLOSE 语句。

语法格式如下所示。

```
CLOSE 游标 ；
```

【例 4-74】第四步，关闭游标。

```
CLOSE c1；
```

五、删除游标

游标关闭后，其定义仍在，需要时可用 OPEN 语句打开它再次使用。若确认游标不再需要，就要释放其定义占用的系统空间，即删除游标。删除游标使用 DEALLOCATE 语句。

语法格式如下所示。

```
DEALLOCATE    游标变量
```

【例 4-74】第五步，删除游标。

```
DEALLOCATE    c1
```

【例 4-74】使用游标从学生表中把所有姓名为"李四"的学生的学号、姓名逐行读出。

完整的代码如下。

```
DECLARE c1 CURSOR FOR
SELECT 学号，姓名
FROM 学生
WHERE 姓名='李四'
OPEN c1；
FETCH c1 INTO @id，@name；
WHILE @@fetch_status=0
    BEGIN
        FETCH c1 INTO @id，@name；
```

```
        END
CLOSE c1；
DEALLOCATE    c1
```

【例 4-75】用游标读出所有学生的记录。

```
DECLARE sc CURSOR LOCAL SCROLL SCROLL_LOCKS
FOR    SELECT * FROM  学生
OPEN sc
SELECT @@CURSOR_ROWS
DECLARE @a int
SET @a=1
FETCH next FROM sc
WHILE @a<@@cursor_rows
    BEGIN
      SET @a=@a+1
      fetch next from sc
    end
Close sc
Deallocate sc
```

习　题

一、填空题

（1）SQL 的中文全称为＿＿＿＿＿＿＿＿＿。

（2）在 SQL 中，通配符%表示＿＿＿＿＿＿＿＿＿＿，下画线表示＿＿＿＿＿＿＿＿＿。

（3）SQL 有两种方式，一种为独立式 SQL，另一种为＿＿＿＿SQL，其中 ＿＿＿＿SQL 与高级语言一起开发数据库应用系统。

（4）对一个基本表建立索引的目的是＿＿＿＿＿＿＿＿＿＿＿＿＿。

（5）在 SQL 语句中，去掉查询结果集中的重复值应该使用＿＿＿＿＿＿＿＿操作符。

（6）解决 SQL 一次一集合的操作与主语言一次一记录操作的矛盾的方法是＿＿＿＿。

二、单项选择题

（1）SQL 语言是（　　）语言。

　　A．层次数据库　　B．关系数据库　　C．网状数据库　　D．非数据库

（2）SQL 集数据查询、数据操纵、数据定义和数据控制功能于一体，语句 INSERT、DELETE、UPDATE 实现的是哪类功能（　　）。

　　A．数据查询　　B．数据操纵　　C．数据定义　　D．数据控制

（3）下列关于视图的说法，下面哪一条是不正确的（　　）。

　　A．视图是外模式

　　B．视图是虚表

　　C．使用视图可以加快查询语句的执行速度

D．使用视图可以简化查询语句的编写

（4）SQL 语句中，与 X between 10 and 20 等效的是（　　　）。

A．X in（10，20）

B．X<10 or X>20

C．X>10 and X<20

D．X>=10 and X<=20

（5）下列 SQL 语句中，创建关系表的是（　　　）。

A．ALTER　　　　　B．CREATE　　　　C．UPDATE　　　　D．INSERT

（6）读者（读者号，姓名，性别，年龄）中，读者号是主码，已有记录如下所示。

读者号	姓名	性别	年龄
D001	王平	男	20
D002	李峰	男	28
D003	王璐	女	34

在该表中插入一条新的记录，以下哪一条是正确的（　　　）。

A．insert into 读者 values（'D006'，'男'，'王明'，23）

B．insert into 读者（读者号，姓名，性别，年龄）values（'D003'，'王明'，'男'，23）

C．insert into 读者（姓名，读者号，年龄）values（'王明'，'D006'，23）

D．insert into 读者 values（'王明'，23）

三、解答题

简述 WHERE 子句和 HAVING 子句的异同点。

四、分析题

1．对于学生选课关系，其关系模式如下。

职工（职工号，姓名，年龄，性别）

社会团体（编号，名称，负责人，活动地点）

参加（职工号，编号，参加日期）

其中职工表的主码是职工号；社会团体表的主码是编号，外码是负责人；参加表的主码是职工号和编号的属性组，外码是职工号、编号。

试用关系代数完成下列查询。

（1）定义职工表、社会团体表和参加表，并说明其主码和参照关系。

（2）新建视图 WD1，内容为年龄在 25 到 40 岁之间的职工号和姓名。

（3）为职工表按职工号降序建立索引，索引名为职工_职工号。

（4）查找参加歌唱队或篮球队的职工号和姓名。

（5）求每个社会团体的参加人数和社会团体的名称。

（6）求参加人数超过 100 人的社会团体的名称和负责人。

（7）求参加人数最多的社会团体的名称和参加人数。

（8）查找没有参加篮球队的职工编号和姓名。

（9）查找参加了全部社会团体的职工情况。

（10）查找参加了职工号为'1001'的职工所参加的全部社会团体的职工号。

（11）把歌唱队的活动地点改成'工人文化宫'。

（12）删除编号为'1002'的职工的所有信息。

2．请完成以下题目。

（1）创建视图 view1，显示 KCB 表中成绩在 90 分到 100 分的人员编号、课程名称、成绩。

（2）创建视图 view2，显示 KCB 表中每门课程的平均成绩。

（3）创建视图 view3，查询表 RSB 和 KCB，显示成绩大于 60 分的人员编号、姓名、职称、课程编号、课程名称和成绩。

（4）把视图 view1 中人员编号为'9901'的人的'网络技术'课程成绩改为 100。

（5）修改视图 view2，使之显示 KCB 表中每门课程的总分。

3．请回答以下问题。

（1）rollback 的作用？

（2）游标的作用是什么？

4．有图书订购数据库，其中的表结构如下所示。

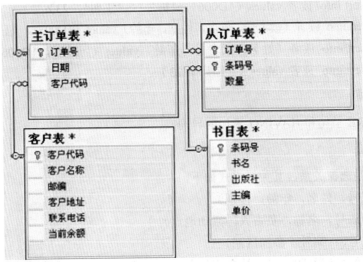

首先请完成以下习题。

（1）写出创建图书订购数据库的 SQL 语句，要求，初始大小为 5MB，最大大小 50MB，数据库自动增长，增长方式是按 10%比例增长；日志文件初始为 3MB，最大可增长到 10MB（默认为不限制），按 2MB 增长。

（2）创建 4 张的表的顺序有没有先后关系？为什么？

（3）请写出创建 4 张表的 SQL 语句。

（4）请为每张表输入至少一条数据，用 SQL 语句实现。

5．在完成作业 4 的基础上请完成以下习题。

（1）在"图书订购"数据库中，从"图书表"中查询出书名为"SQL Server 2005 实用教程"的图书的条码号和单价。

（2）查询图书订购数据库的书目表中图书的条码号、书名、价格。

（3）查询书目表中单价为 18 的图书的书名，查询客户代码为 0101 的客户名称和当前余额。

（4）查询"B 出版社"所出版的所有图书的所有信息。

（5）查询 D 出版社的所有图书的书名、出版社、单价，并要求单价在原单价基础上打 8 折输出。

（6）查询 D 出版社的所有图书的书名、出版社、单价，并要求单价在原单价基础上打 8 折输出后新列名命名为"单价 8 折"。

（7）查询所有主订单表中所有的客户代码。

（8）查询所有书目信息，返回前 5 行数据。

（9）查询所有书目信息，返回前 50%数据。

（10）查询书目表中的单价，根据设定条件输入，条件如下：30 以上为"价格较高"，20～30 以上为"价格中等"，20 以下为"价格较低"。

（11）查询单价为 18 且由 A 出版社出版的图书的条码号和书名。

（12）查询单价为 18 或由 A 出版社出版的图书的条码号和书名。

（13）查询单价为 18 但不是由 A 出版社出版的图书的条码号和书名。

（14）查询 D 出版社出版的单价大于 20 的图书的书目信息。

（15）查询书目表中书名以"计算机"开头的图书的书目信息。

（16）查询书目表中书名中含"信息"的图书的书目信息。

（17）查询书目表中条形码的倒数第二个字符为 0～5 的图书的书目信息。

（18）查询书名中含有"%"的图书的书目信息，比如"100%学会 Photoshop"。

（19）查询单价介于 10～20 之间的图书的书目信息。

（20）查询查询 A 出版社、B 出版社、C 出版社、E 出版社所出版的图书的书目信息。

（21）查询从订单表中备注列不为空的订单的订单信息。

（22）使用 CONTAINS 谓词搜索书目的出版社列中含字符"清华"的所有行。

（23）使用 freetext 谓词搜索书目的出版社列中含字符"清华"的所有行。

（24）查询单价最高的和单价最低的图书的价格。

（25）查询所有图书的平均单价和所有图书的总单价。

（26）查询客户编号为 0302 的客户订单有几个。

（27）查找客户代码为 0302 的客户的订单号有哪些。

（28）查找客户代码为 0302 的客户的订单号和所订购数目的条码号。

（29）查找温州大学所订购图书的信息。

（30）查询温州市的客户的客户代码、客户名称、联系电话。

（31）查询温州职业技术学院所订购的图书的条码号，书名。

（32）查询订购了 D 出版社所出版社的图书的订单号。

（33）查找订购了图书的客户情况以及所有客户的情况。

（34）查询被订购过的图书的书目信息和所有图书的图书名。

（35）查询出版了"计算机图形学"的出版社所出版的图书信息。

（36）查询单价最高的图书的书目信息。

（37）查询所出版图书被订购量最多的出版社。

（38）查询没有订购"软件工程"图书的学校的名称。

（39）查询各个出版社出版图书的平均单价。

（40）查询各订单的总价格。

（41）查询出版社出版图书平均单价超过 20 的出版社名单。

（42）查询订购图书总价格最多的客户名称。

（43）把订单按照时间顺序排列输出。

（44）查询个学校的订购图书情况，按照学校名称排序，并产生个学校图书总订购量得汇总行。

（45）建立一个温州地区客户表，包括客户号，名称，联系方式。

（46）查询温州地区客户信息和杭州地区客户信息。

（47）查询温州地区客户信息，但不包括温州大学的信息。

（48）查找温州地区信息，要求客户名称中含有"大学"。

第五章 SQL Server 关系数据库

【知识目标】

- 了解 C/S 模式、B/S 模式;
- 了解 SQL Server 的数据库对象;
- 了解 SQL Server 工作环境及常用组件;
- 掌握默认值对象的使用方法;
- 掌握规则对象的使用方法;
- 掌握存储过程的定义和调用方法;
- 理解触发器的原理并掌握触发器的定义方法。

【能力目标】

- 能够熟练操作 SQL Server;
- 能够熟练使用默认值对象;
- 能够熟练使用规则对象;
- 能够熟练定义和调用存储过程;
- 能够使用触发器。

第一节 SQL Server 的系统概述

目前,在市场上常用的三大数据库管理系统是 Oracel、DB2、SQL Server,其中 SQL Server 是发展最快的关系数据库。它也是 Microsoft Windows 平台上最流行的关系数据库,占 38% 的市场份额。SQL Server 也是最流行的 Web 数据库,市场份额为 68%。

SQL Server 是一个基于 C/S 模式的新一代大型数据库管理系统。它在电子商务、数据仓库和数据库解决方案等应用中起着重要的核心作用,为企业的数据管理提供了强大的支持,对数据库中的数据提供有效的管理,并采用有效的措施实现数据的完整性及数据的安全性。

1974 年 SQL Server 由 Boyce 和 Chamberlin 提出。

1988 年 SQL Server 由 Microsoft 公司与 Sybase 公司共同开发。

1993 年 SQL Server 提供桌面数据库系统,虽然功能较少,但它与 Windows 集成并易于使用界面操作。

1994 年 Microsoft 与 Sybase 公司在数据库开发方面的合作中止。

1995 年 SQL Server 6.0 重写了核心数据库系统。提供低价小型商业应用数据库方案。

1996 年 SQL Server 6.5 问世。

1998 年 SQL Server 7.0 重写了核心数据库系统问世,它提供中小型商业应用数据库方案,包含了初始的 Web 支持。从此,SQL Server 开始了广泛应用。

2000 年 SQL Server 2000 企业级数据库系统问世,其包含了 3 个组件(DB, OLAP, English Query)。丰富了前端工具,完善了开发工具。并支持 XML。该版本被逐渐广泛应用。

2005 年最新版本 SQL Server 2005 是 SQL Server 历时 5 年的重大变革。

2007 年 SQL Server 2008（Katmi）发布。

目前，市场上使用最多的版本是 SQL Server 2005，但是，由于本书所介绍的内容均可在 SQL Server 2000 上使用以及 SQL Server 2000 安装方便和对软硬件要求较低。所以，本章部分例题均为在 SQL Server 环境下实现。

一、客户机/服务器系统

1．客户机/服务器系统

客户机/服务器（Client/Server，C/S）系统又称主从体系结构，就是将应用系统分成两个不同的部分，一个部分称为"前端"，也就是客户端，另一个部分称为"后端"，即服务器端。

客户端提供高度对话式的用户界面，即客户端的工作集中在信息的表达，服务器端则负责数据存储和数据管理，即服务器端的工作集中在数据库的处理过程。

客户机/服务器系统有以下优点。

① 减轻了服务器的负担，使得服务器可以投入更多的精力用于事务处理和数据访问控制。

② 可以支持更多的用户，提高系统的事务处理性能。

C/S 系统目前有两种结构：二层结构和 N 层结构。

① 二层结构（C/S）：客户端+服务器端。

② N 层结构（C/S/S）：客户端+中间服务器+数据库服务器，如图 5-1 所示。

图 5-1　N 层结构

对于一般的数据库应用系统，除了数据库管理系统外，还需要设计适合普通用户操作的数据库界面。目前，流行的开发数据库界面的工具主要包括 Visual BASIC、Visual C++、Visual FoxPro、Delphi、PowerBuilder 等。数据库应用程序与数据库、数据库管理系统之间的关系如图 5-2 所示。应用程序通过数据库管理系统向数据库发送数据请求，处理结果也需要数据库通过数据库管理系统返回给应用程序。

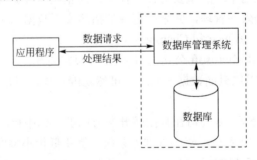

图 5-2　应用程序与数据库、数据库管理系统的关系

2．浏览器/服务器系统

除了客户机/服务器系统外，另外还有一种结构方式，称为浏览器/服务器（Browser/Server，B/S），是用于支持互联网的。它目前有两种结构，二层结构和三层结构。

① 二层结构（B/S）：浏览器+服务器端。

② 三层结构（B/S/S）：浏览器+Web 服务器+数据库服务器。

基于 Web 的数据库系统一般为 B/S/S 结构（图 5-3）。第一层为浏览器，第二层为 Web 服务器，第三层为数据库服务器。

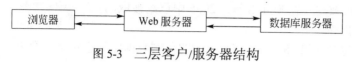

图 5-3　三层客户/服务器结构

数据传输的过程是：首先，浏览器是用户输入数据和显示结果的交互界面，用户在浏览器表单中输入数据，将表单中的数据提交并发送到 Web 服务器；然后，Web 服务器中的应用程序接受并处理用户的数据，通过数据库服务器，从数据库中查询需要的数据（或把数录入数据库）返回给 Web 服务器；最后，Web 服务器再把返回的结果插入 HTML 页面，传送到客户端，并在浏览器中显示出来。

二、SQL Server 的数据库对象

SQL Server 的数据库对象按照不同的分类标准以分为不同的种类。

按照模式级别的不同可以分为物理数据库和逻辑数据库。物理数据库由构成数据库的物理文件构成。一个物理数据库中至少有一个数据文件和一个日志文件。逻辑数据库是指数据库中用户可视的表或视图。

按照按创建对象的不同可以分为系统数据库和用户数据库。系统数据库是安装时系统自带的数据库。用户数据库是用户自己创建的数据库。

SQL Server 数据库按照创建的对象不同分为两类：系统数据库和用户数据库。

系统数据库存储有关 SQL Server 的系统信息，是 SQL Server 管理数据库的依据。如果系统数据库遭到破坏，SQL Server 将不能正常启动。

在安装 SQL Server 2005 时，系统将创建 4 个可见的系统数据库，如 master、model、msdb 和 tempdb。而安装 SQL Server 2000 时还会有另外两个自带的系统数据库，pubs 数据库和 northwind 数据库。

系统数据库是必不可少的，它们支撑着数据库管理系统正常运行，是不可以随意删除或修改的。

（1）master 数据库

master 数据库记录了所有系统信息、登录账号、系统配置设置、系统中所有数据库及其系统信息以及存储介质信息等。master 数据库的数据文件为 master.mdf，日志文件为 mastlog.ldf。

（2）model 数据库

model 数据库系统是为用户创建数据库提供的模板数据库，每个新建的数据库都是在一个 model 数据库的副本上扩展而生成的，所以对 model 数据库的修改一定要小心。model 数据库的数据文件为 model.mdf，日志文件为 modellog.ldf。

（3）msbd 数据库

msdb 数据库主要用于存储任务计划信息、事件处理信息、备份恢复信息以及异常报告等。msdb 数据库的数据文件为 msdbdata.mdf，日志文件为 msdblog.ldf。

（4）tempdb 数据库

tempdb 数据库存放所有临时表和临时的存储程序，并且供存放目前使用中的表，它是一

个全局的资源，临时表和存储程序可供所有用户使用。每次 SQL Server 2000 启动时它都会自动重建并且重设为默认大小，在使用中它会依需求自动增长。

（5）northwind 数据库

northwind 是 SQL Serve 2000 提供的范例数据库，包含一个称为 Northwind Traders 公司的销售数据库。该数据库在 SQL Server 2005 中已经被取消。

（6）pubs 数据库

pubs 数据库也是 SQL Server 2000 提供的范例数据库，它包含一个书籍出版公司的数据库范例。该数据库在 SQL Server 2005 中已经被取消。

三、SQL Server 的管理工具和工作环境

1．SQL Server 2000 提供的主要服务

（1）MS SQL Server 服务

MS SQL Server 服务运行 SQL Server 的服务，管理着存储数据库的所有文件，处理所有客户应用传送来的 T-SQL 命令，执行其他服务器上的存储过程，并支持从多个不同数据源获取数据的分布式查询。

（2）SQL Server Agent 服务

SQL Server Agent 服务管理 SQL Server 周期性行为的安排，并在发生错误时通知系统管理员，包括作业（Jobs）、警告（Alerts）和操作员（Operator）三部分。

（3）Microsoft Server Service 服务

Microsoft Server Service 服务是一个全文本索引和搜索引擎，可以在所选表列上创建有关词汇的特殊索引，T-SQL 语句可以利用这些索引来支持语言搜索和近似搜索。

（4）MS DTC 服务

MS DTC 服务管理包含不同数据源的事务，可以正确提交分布式事务，以确保所有服务器上的修改都被保存或回退。

其中，SQL Server、SQL Server Agent 和 MS DTC 可作为 Windows NT/2000 服务来运行，Microsoft Server Service 服务只能运行在 Window NT/2000 Server 上。

2．SQL Server 2000 的管理工具

（1）服务管理器

SQL Server 的服务管理器（Service Manager）用来启动、停止和暂停 SQL Server 过程。必须在进行任何数据库操作前启动 SQL Server。服务管理器可以从 SQL Server 的程序组中进行启动，如图 5-4 所示。

启动后的 SQL Server 服务管理器对话框如图 5-5 所示。对服务（MS SQL Server、SQL Server Agent 和 MS DTC）的选择可用服务（Services）列表。双击绿、黄、红交通灯，就可以达到启动开始/继续（Start/Continue）、暂停（Pause）和停止（Stop）的目的。

SQL Server 2000 启动后将会在桌面右下角的任务栏处出现一个标记图标 ，表示 SQL Server 2000 已经成功启动。

（2）企业管理器

企业管理器（Enterprise Manager）是用户管理 SQL Server 2000 的主要工具和图形界面，用户可以在这个全图形界面的环境下建立数据库、表、数据、视图、存储过程、规则、默认值和用户自定义的数据类型等功能。企业管理器的主界面如图 5-6 所示。

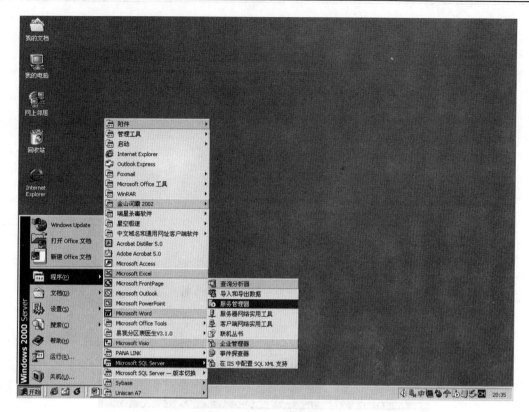

图 5-4　SQL Server 的启动

图 5-5　SQL Server 服务管理器

（3）查询分析器

查询分析器（Query Analyzer）提供的图形界面可用来分析一个或多个查询执行计划，查看数据结果并且以查询的方式提出最佳化的索引建立方式，以便改进查询效率。

例如，用 SQL Server 2000 实现第四章的【案例】中在"学生成绩"数据库中，从课程表中查询出课程名为"数据库原理及应用"的课程号。步骤如下。

在 Windows 开始菜单中执行"Microsoft SQL Server—查询分析器"命令，进入查询分析器对话框，接着，在查询分析器窗口的数据库复选框中选择学生成绩数据库，在命令窗口中输入 SQL 语句"SELECT 课程号 FROM 课程 WHERE 课程名='数据库原理与应用'"，单击【执行】按钮，查询结果便显示在输出窗口中，如图 5-7 所示。

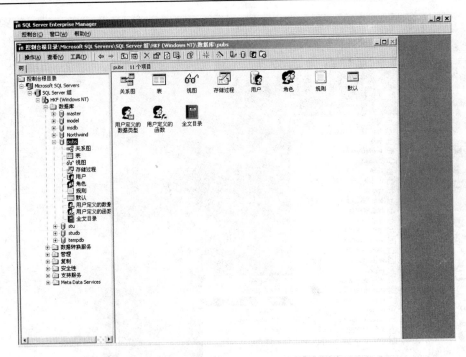

图 5-6　SQL Server 的企业管理器

select 课程号 from 课程 where 课程名='数据库原理'

图 5-7　SQL Server 2000 的查询分析器

（4）其他工具

① 事件探查器（也称为跟踪器）可以即时监督、捕捉、分析 SQL Server 2000 的活动，对查询、存储过程、锁定、事务和日志的变化进行监视，以及在另一个服务器上重现所捕获的数据。图 5-8 所示是创建跟踪的对话框。

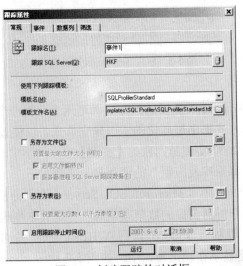

图 5-8　创建跟踪的对话框

② 客户端网络实用工具（Client Network Utility）可以用来配置客户端到服务器的连接。

③ 服务器网络实用工具（Server Network Utility）是 SQL Server 2000 服务器端的网络配置界面。

④ 导入和导出数据（Import and Export Data）提供了导入、导出以及在 SQL Server 2000 和 OLE DB、ODBC 及文件间转换数据的功能。

⑤ 联机丛书（Book Online）提供了联机文档，包括有关操作维护的说明。

⑥ OLAP Services 提供了在线分析处理功能（需要另外安装 OLAP 管理工具）。

3. SQL Server 2005 管理工具

虽然本章的例题和实践完全可以通过易于安装的 SQL Server 2000 环境实现。但是，由于 SQL Server 2005 被越来越多的用户使用，所以，本章也介绍 SQL Server 2005 的环境及其使用。

SQL Server 2000 和 SQL Server 2005 的区别。

① SQL Server 2005 的响应速度比 SQL Server 2000 快。

② SQL Server 2005 的安装包的大小将近 2GB，SQL Server 2000 的安装包只有不到 400MB。

③ 操作变化比较大。SQL Server 2000 的可视化操作平台是企业管理器，命令操作平台是查询分析器。SQL Server 2005 的管理中心集合了 SQL Server 2000 的企业管理器和查询分析器。

④ SQL Server 2005 服务器启动过后会有图标出现在任务栏上，而 SQL Server 2005 则取消了这个标志。

⑤ SQL Server 2005 的功能较为强大，比如增加了分区表等功能。

SQL Server 2005 安装后，可在【开始】菜单中查看安装了哪些工具。另外，还可以使用它所提供的图形化工具和命令，并使用这些工具进一步配置 SQL Server 2005。用来管理 SQL Server 2005 的管理工具及其功能见表 5-1。

表 5-1 SQL Server 管理工具

管 理 工 具	功 能
SQL Server Management Studio	用于编辑和执行查询，并用于启动标准向导任务
SQL Server Profiler	提供用于监视 SQL Server 数据库引擎实例或 Analysis Services 实例的图形用户界面
数据库引擎优化顾问	以协助创建索引、索引视图和分区的最佳组合
SQLServer Business Intelligence Development Studio	用于 Analysis Services 和 Integration Services 解决方案的集成开发环境
Notification Services 命令提示	从命令提示符管理 SQL Server 对象
SQL Server Configuration Manager	SQL Server 配置管理器，管理服务器和客户端网络配置设置
SQL Server 外围应用配置器	包括服务和连接的外围应用配置器和功能的外围应用配置器。使用 SQL Server 外围应用配置器，可以启用、禁用、开始或停止 SQL Server 2005 安装的一些功能、服务和远程连接。可以在本地和远程服务器中使用 SQL Server 外围应用配置器
Import and Export Data	提供一套用于移动、复制及转换数据的图形化工具和可编程对象
QL Server 安装程序	安装、升级到或更改 SQL Server 2005 实例中的组件

单击【开始】→【所有程序】→Microsoft SQL Server 2005→【配置工具】→SQL Server Configuration Manager 在弹出窗口的左边菜单栏中选择"SQL Server 2005 服务"即可在出现的服务列表中对各个服务进行操作，如图 5-9 所示。

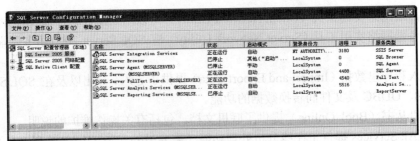

图 5-9　SQL Server 配置管理器

使用 SQL Server 配置管理器可以完成下列服务任务。

① 启动、停止和暂停服务，双击如图 5-9 所示的服务列表中的某个服务即可进行操作。

② 将服务配置为自动启动或手动启动，禁用服务或者更改其他服务设置。

③ 更改 SQL Server 服务所使用的账户的密码。

④ 查看服务的属性。

⑤ 启用或禁用 SQL Server 网络协议。

⑥ 配置 SQL Server 网络协议。

4．SQL Server 2005 的管理中心

SQL Server 2005 使用的图形界面管理工具是 SQL Server Management Studio。除了 Express 版本不具有该工具之外，其他所有版本的 SQL Server 2005 都附带这个工具。

这是一个集成的统一的管理工具组。这个工具组包括一些新的功能，以开发、配置 SQL Server 数据库，发现并解决其中的故障。

在 SQL Server 管理中心中主要有两个工具，"图形化的管理工具（对象资源管理器）"和 "Transact SQL 编辑器（查询分析器）"。此外，还拥有"解决方案资源管理器"窗口、"模板资源管理器"窗口和"注册服务器"等窗口。

（1）"对象资源管理器"与"查询分析器"

如图 5-10 所示，可以看到在 SQL Server Management Studio 中，把 SQL Server 2000 的 Enterprise Manager（企业管理器）和 Query Analyzer（查询分析器）两个工具结合在一个界面上，这样可以在对服务器进行图形化管理的同时编写 Transact SQL 脚本，且用户可以直接通过 SQL Server 2005 的"对象资源管理器"窗口来操作数据库。

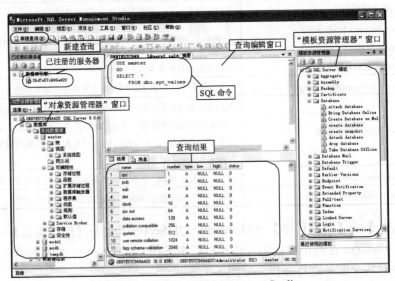

图 5-10　SQL Server Management Studio

打开 SQL Server Management Studi 的方法如下。

在桌面上单击【开始】→【所有程序】→SQL Server 2005→SQL Server Management Studio，在出现的【连接到服务器】对话框中，单击【连接】按钮，如图 5-11 所示，以 Windows 身份验证模式启动 SQL Server Management Studio，并以计算机系统管理员的身份连接到 SQL Server 服务器。

图 5-11　服务器连接对话框

（2）模板资源管理器

在 SQL Server Management Studio 的"查询分析器"窗口中使用 Transact SQL 脚本可以实现从查询到对象建立的所有任务。使用命令脚本编制数据库对象与使用图形化向导编制数据库对象相比，最大的优点是使用脚本化的方式具有图形化向导的方式所无法比拟的灵活性。但是，高度的灵活性，也就意味着使用时有着比图形化向导的方式更高的难度。为了降低难度，SQL Server Management Studio 提供了"模板资源管理器"来降低编写脚本的难度。

在 SQL Server Management Studio 的菜单栏中单击【视图】→选择【模板资源管理器】，界面右侧将出现模板资源管理器窗口。在"模板资源管理器"中除了可以找到超过 100 个对象以及 Transact SQL 任务的模板之外，还包括有备份和恢复数据库等管理任务。

比如，可以双击【create_database】图标，打开创建数据库的脚本模板。

（3）已注册的服务器

SQL Server Management Studio 界面有一个单独可以同时处理多台服务器的"已注册的服务器"窗口。可以用 IP 地址进行注册数据库服务器，也可以用比较容易分辨的名称为服务器命名，甚至还可以为服务器添加描述。名称和描述会在"已注册的服务器"窗口显示。

① 连接之前注册服务器。如图 5-11 所示，在连接服务器之前，单击右下角的【选项】按钮，即可打开【登录配置】窗口，在该窗口中可以对要注册的服务器进行相应的配置。

② 在"对象资源管理器"中进行连接时注册服务器。在"对象资源管理器"中进行连接时注册服务器的主要步骤如下：

启动"SQL Server Management Studio"→在菜单中选择【视图】→在弹出的子菜单中选择【已注册的服务器】→右击【数据库引擎】，在弹出的快捷菜单中选择【新建】→【服务器注册】，打开【新建服务器注册】窗口。在窗口中单击【常规】选项卡。在【服务器名称】文本框中输入要注册的服务器名称，如图 5-12 所示。此外，在【连接属性】选项卡中，还可以指定要连接到的数据库名称和使用的网络协议等其他信息。

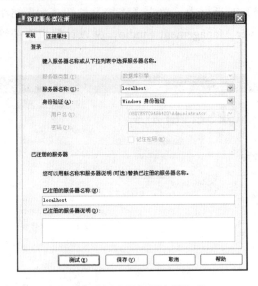

图 5-12　【新建服务器注册】窗口

（4）"解决方案资源管理器"

在 SQL Server Management Studio 中，"解决方案资源管理器"是用来管理项目方案资源的有效工具。在"解决方案资源管理器"中，项目可以将一组文件结合在一起作为组进行访问。创建新项目的步骤如下：

第 1 步，单击菜单栏中【文件】→【新建】→【项目】，选择所要创建的项目的类型。类型主要有"SQL Server 脚本"、"Analysis Services 脚本（分析服务脚本）"或者"SQL Mobile 脚本（SQL 移动脚本）"。然后为创建的项目或方案命名，并选择文件的存储路径，单击【确定】按钮，完成项目的创建过程。

第 2 步，接下来就可以为该项目创建一个或多个（如果所创建的项目需要的数据库不止一个）数据库连接或者添加已经存在的项目文件，如图 5-13 所示，只需要在"解决方案资源管理器"内的"SQL Server 脚本 2"上右击，在弹出的快捷菜单中选择要添加的项目即可。

图 5-13　【解决方案资源管理器】窗口

第二节　Transact–SQL

本书在第四章中已经介绍了 SQL 的基础内容，在本章中将继续介绍 T-SQL。T-SQL 是 SQL 的一个版本，且只能在 MS SQL-Server 以及 Sybase Adaptive Server 系列数据库上使用。

　　T-SQL 是 ANSI SQL 的扩展加强版语言，除了提供标准的 SQL 命令外，T-SQL 还对 SQL 做了许多补充，提供了类似 C、BASIC 和 Pascal 的基本功能，如变量说明、流控制语言、功能函数等。

　　SQL 有两种方式：一种为独立式 SQL，另一种为嵌入式 SQL。独立式 SQL 作为独立的语言，在终端上以交互方式使用。嵌入式 SQL 是指将 SQL 嵌入到某种高级语言（又称主语言）中使用，利用高级语言的过程性结构来弥补 SQL 实现复杂应用方面的不足。SQL 语句负责操纵数据库，主语言语句负责控制程序流程。

　　嵌入式 SQL 使用"EXEC SQL"前缀用以区分 SQL 语句与主语言语句，如，在 SQL 语句前加前缀，EXEC　SQL　<SQL 语句>。

　　数据库工作单元与源程序工作单元通信方式按照以下步骤进行：首先，用 SQL 通信区向主语言传递 SQL 语句的执行状态信息；其次，主语言通过主变量向 SQL 语句提供参数；最后，SQL 语句查询数据库的结果通过主变量和游标传给语言进一步处理。有关游标的内容请参考本书第四章第七节的相关内容。

一、默认值约束

　　默认值约束是指在操作过程中，当对一个数据字段对象不赋值时则使用指定的字母或符号自动赋值。比如，不给学生表中的年龄字段输入任何内容，系统自动插入预先设定的默认值（比如 20）。需要注意的是，默认值的约束需要设定后才会有作用。

1. 创建默认值约束

　　建立一个字段的默认值约束的时机有 3 次机会：第一次是定义表的时候；第二次是修改的时候；第三次则是需要使用默认值约束的任何时候。

　　时机一，定义表时，定义默认值约束。如下面例题所示。

　　【例 5-1】在定义表时定义一个字段的默认值约束。

```
CREATE TABLE  学生表 2
(    学号       CHAR（6）  NOT NULL,
     姓名       CHAR（8）  NOT NULL,
     性别       BIT NOT NULL DEFAULT 1,
     出生时间      DATETIME NOT NULL,
     专业       CHAR（12）  NULL,
     总学分     INT NULL,
     备注      VARCHAR（500）  NULL,
     入学日期      DATETIME DEFAULT getdate（）          /*定义默认值约束*/)
```

--getdate 是系统函数，其作用是返回系统时间。

　　时机二，修改表时，定义默认值约束。如下面例题所示。

　　【例 5-2】向学生表 2 中添加一个字段并设置默认值约束。

```
ALTER TABLE  学生表 2
ADD AddDate datetime NULL                /*增加一个新列 AddDdate*/
CONSTRAINT df1                  /*df1 默认值约束名*/
DEFAULT getdate（）  WITH VALUES     /*默认值约束*/
```

2. 删除在表中定义的默认值约束。

　　方法一，通过可视化向导在企业管理器中删除默认值约束。

　　方法二，使用 ALTER TABLE 语句删除，如下面例题所示。

【例 5-3】删除【例 5-2】中定义的默认值约束。

ALTER TABLE 学生表 2

DROP CONSTRAINT df1   --删除约束 df1

说明：AddDateDflt 为约束名，修改表结构的方法请参考第三章中 ALTER TABLE 语句的语法格式。

3. 使用默认值对象实现默认值约束

除了前面提到的两次机会外，还有一次机会设定默认值约束。

时机三，需要用到默认值约束时，先定义默认值对象，然后将该对象绑定到相应字段。

在时机三实现默认值约束的方法有两种。

第一种方法是，通过企业管理器定义默认值。

第二种方法是，通过 SQL 语句定义 DEFAULT 默认值对象，并将一个字段绑定到一个默认值对象。

第二种方法也是最方便的一种方法。通过定义默认值对象并绑定到指定列的方式实现默认值约束的步骤如下：

第一步，通过 SQL 语句定义 DEFAULT 默认值对象。

语法格式如下所示。

CREATE DEFAULT 默认值对象名 AS 表达式

第二步，通过 SQL 语句的系统存储过程绑定 DEFAULT 默认值对象。

语法格式如下所示。

SP_BINDEFAULT '默认值对象'，'表名.列名'

【例 5-4】首先在学生成绩数据库中定义表 book 及名为 today 的默认值，然后将其绑定到 book 表的 hire date 列。

CREATE TABLE book

(book_id   CHAR（6），

    name   VARCHAR（20）   NOT NULL,

    hire_date   DATETIME   NOT NULL）

go

CREATE DEFAULT today   AS GETDATE（）   --默认值为系统日期

EXEC SP_BINDEFAULT 'today',   'book.hire_date'   --绑定默认值对象到列

【例 5-5】对于如前所述的学生成绩数据库中的学生表 2 表的总学分字段，可用如下程序段实现初始值设置为 0。

CREATE DEFAULT zxf_default AS 0

/* 定义语句应为第一条件语句或紧跟在 go 之后*/

EXEC SP_BINDEFAULT 'zxf_default'，'学生表.zxf'   --绑定默认值对象到列

说明：一个字段上可以绑定多个默认值对象，但只有最后一个起到作用。

第三步，利用 SP_UNBINDEFAULT 解除绑定关系。

语法格式如下所示。

SP_UNBINDEFAULT '表名.列名'，'默认值对象'

第四步，删除默认值对象。

语法格式如下所示。

DROP DEFAULT 默认值对象

【例 5-6】解除默认值对象 today 与表 book 的 hire_date 列的绑定关系，然后删除该对象。

EXEC SP_UNBINDEFAULT 'book.hire_date'　--解除列上绑定的默认值对象

DROP DEFAULT today

二、规则对象

数据完整性的完整性包括 3 个方面。

（1）参照完整性

参照完整性又称为引用完整性，要求有一个外键（外码）。

（2）实体完整性

实体完整性又称为行完整性，指为给定行输入有效的数据。要求表中有一个主键，其值不能为空且能唯一地标识对应的记录。通过索引、UNIQUE 约束、PRIMARY KEY 约束或 IDENTITY 属性可实现数据的实体完整性。

（3）域完整性

域完整性又称为列完整性，指为给定列输入有效的数据。实现域完整性的方法有：限制类型（通过数据类型）、格式（通过 CHECK 约束和规则）或可能的取值范围（通过 CHECK 约束、DEFALUT 定义、NOT NULL 定义和规则）等。

1. CHECK 约束

CHECK 约束通过显示输入到列中的值来实现域完整性；DEFAULT 定义后，如果列中没有输入值则填充默认值来实现域完整性；通过定义列为 NOT NULL 限制输入的值不能为空也能实现域完整性。

【例 5-7】定义表课程表 2 的同时定义学分的约束条件。

CREATE TABLE NEW_课程表 2

（　课程号　CHAR（6）　NOT NULL,
　　课程名　CHAR（8）　NOT NULL,
　　学分　TINYINT　CHECK　（学分 >=0 AND 学分<=10）　NULL,　/*约束条件 */
　　备注　TEXT NULL）

域完整性中 CHECK 约束的实现方法有以下几种。

第一种方法是，通过可视化向导创建与删除 CHECK 约束，属于可视化操作。

第二种方法是，利用 SQL 语句在创建表时创建 CHECK 约束。

【例 5-8】创建表学生表，只考虑学号和性别两列，性别要求只能包含男或女。

CREATE　TABLE　学生表

（　学号　CHAR（6）　NOT NULL,
　　性别　CHAR（1）　NOT NULL CHECK（性别　IN　（'男', '女')))

【例 5-9】创建表学生表 1，只考虑学号和出生日期两列，出生日期须大于 1980 年 1 月 1 日，并命名 CHECK 约束。

CREATE TABLE 学生表 1

（　学号　CHAR（6）　　　NOT NULL,
　　出生时间　DATETIME　NOT NULL,
　　CONSTRAINT　DF_学生表 1_cjsj　CHECK（出生时间>'1980-01-01'))

【例 5-10】创建表学生 2，有学号、最好成绩和平均成绩三列，要求最好成绩必须大于平均成绩。

CREATE　TABLE　学生表 2
（　学号　char（6）　　　NOT NULL,
　　最好成绩　INT　NOT NULL,
　　　　平均成绩　INT　NOT NULL,
　　CHECK（最好成绩>平均成绩））

利用 SQL 语句在修改表时创建 CHECK 约束，其语法格式如下所示。

ALTER TABLE　表名
ADD CONSTRAINT CHECK　约束名　CHECK　（表达式）

【例 5-11】修改选课表，增加成绩字段的 CHECK 约束。

ALTER TABLE　成绩
ADD CONSTRAINT cj_c CHECK（成绩>=0 AND　成绩<=100）
　　　　　　　　　　　　　　　--此时可验证所创建的约束

CHECK 约束的删除可在企业管理器中通过界面删除。利用 SQL 语句删除 CHECK 约束的语法格式如下所示。

ALTER TABLE　表名
DROP CONSTRAINT CHECK 约束名

【例 5-12】删除学生成绩数据库中选课表成绩字段的 CHECK 约束。

ALTER TABLE　成绩
DROP CONSTRAINT cj_c

2. 使用规则对象

除了上述的几种方法可以实现域的完整性约束外，还可以通过定义规则对象再绑定到指定的列的方法来实现域的完整性约束。使用规则对象可以在任何需要的时候使用，且一个规则可以绑定到多个字段上，一个字段上也可以绑定多个规则对象。

规则与 CHECK 约束有以下一些区别。

① 规则的作用与 CHECK 约束相同，它检查为其关联列所输入数据的有效性。

② CHECK 约束只能通过定义表和修改表实现对表的约束，规则可以在表建立后的任意时候实现对表的约束。

③ 每列可以同时关联多个规则，也可以具有多个 CHECK 约束。

④ 删除规则前必须先解除列与规则的绑定。

使用规则对象的方法有两种。

① 利用可视化向导定义规则对象并绑定到自定义类型或列。

② 利用 SQL 命令定义规则对象并绑定到自定义类型或列。

使用规则对象需要两步，使用步骤与缺省值对象的使用步骤类似。

第一步，定义规则对象。

语法格式如下所示。

CREATE RULE　规则名
AS
表达式

第二步，将规则对象绑定到自定义类型或列。

语法格式如下所示。

```
SP_BINDRULE '规则对象', '表名.列名'
```

【例 5-13】创建一个规则，并绑定到表课程表的课程号列，用于限制课程号的输入范围。

CREATE RULE　kc_rule

AS @range LIKE '[1-5][0-9][0-9]'

EXEC SP_BINDRULE 'kc_rule',　'课程表.课程号'　　　--绑定规则对象到指定列

【例 5-14】创建一个规则，用以限制输入到该规则所绑定的列中的值只能是该规则中列出的值。

CREATE RULE list_rule

AS @list IN　（'C 语言',　'离散数学',　'微机原理'）

EXEC SP_BINDRULE 'list_rule',　'课程表.课程名'

【例 5-15】定义一个用户数据类型 course_num，然后将规则"kc_rule"绑定到用户数据类型 course_num 上，最后创建表课程表 1，其课程号的数据类型为 course_num。

EXEC SP_ADDTYPE 'course_num',　'char（3）',　'not null'

　　　　　　　　　　　　　　　　/*用户定义数据类型*/

EXEC SP_BINDRULE 'kc_rule',　'course_num'

　　　　　　　　　　　　　　　/*将规则对象绑定到用户定义数据类型*/

CREATE TABLE　课程表 1

（　　课程号　COURSE_NUM,　　　　　/*将学号定义为 COURSE_NUM 类型*/

　　　课程名　CHAR（16）　NOT NULL,

　　　开课学期　TINYINT ,

　　　学时　TINYINT,

　　　学分　TINYINT）

第三步，解除绑定

语法格式如下所示。

```
SP_UNBINDRULE '表名.列名'
```

第四步，删除规则对象

语法格式如下所示。

```
DROP RULE　规则对象
```

【例 5-16】解除规则 kc_rule 与列或用户定义类型的绑定关系，并删除规则对象 kc_rule。

EXEC SP_UNBINDRULE '课程表.课程号'　　　--解除列上所有的绑定规则

EXEC SP_UNBINDRULE 'course_num'

DROP RULE kc_rule

三、存储过程

1. 存储过程概述

存储过程是将一些固定的操作集中起来由 SQL Server 服务器来完成，以实现某个任务。在 SQL Server 中，使用 T-SQL 语句编写存储过程。存储过程可以接受输入参数、返回表格或标量结果和消息，调用"数据定义语言（DDL）"和"数据操作语言（DML）"语句，然后返回输出参数。使用存储过程的优点如下。

① 存储过程在服务器端运行，执行速度快。

② 存储过程执行一次后，就驻留在高速缓冲存储器，在以后的操作中，只需从高速缓冲存储器中调用执行，提高了系统性能。

③ 使用存储过程可以完成所有数据库操作，并可通过编程方式控制对数据库信息访问的权限，确保数据库的安全。

④ 自动完成需要预先执行的任务。存储过程可以在 SQL Server 启动时自动执行，而不必在系统启动后再进行手工操作，大大方便了用户的使用，可以自动完成一些需要预先执行的任务。

根据创建者的不同，在 SQL Server 中存储过程可以分为两类，即系统存储过程和用户存储过程。

（1）系统存储过程

系统存储过程是由 SQL Server 提供的存储过程，可以作为命令执行。系统存储过程定义在系统数据库 master 中，其前缀是 sp_，例如，常用的显示系统对象信息的 sp_help 系统存储过程，为检索系统表的信息提供了方便快捷的方法。

系统存储过程允许系统管理员执行修改系统表的数据库管理任务，可以在任何一个数据库中执行。SQL Server 提供了很多的系统存储过程，通过执行系统存储过程，可以实现一些比较复杂的操作，本书也介绍了其中一些系统存储过程。要了解所有的系统存储过程，请参考 SQL Server 的联机丛书。

（2）用户存储过程

用户存储过程是指用户自己定义的存储过程。用户存储过程可以使用 T-SQL 语言编写，也可以使用 CLR 方式编写。在本书中，存储过程除特别说明外指的是 T-SQL 存储过程。

2. 使用 T-SQL 命令创建存储过程

创建存储过程的语句是 CREATE PROCEDURE 或简写为 CREATE PROC。下面通过例题由易到难介绍存储过程的定义和调用。

存储过程的使用步骤如下所示。

第一步，用户定义的存储过程创建在当前数据库中。

第二步，成功执行 CREATE PROCEDURE 语句后，存储过程名称存储在 SYSOBJECTS 系统表中，而 CREATE PROCEDURE 语句的文本存储在 SYSCOMMENTS 系统表中。

第三步，调用存储过程（即执行存储过程）。

3. 存储过程的执行

通过 EXECUTE 或 EXEC 命令可以执行一个已定义的存储过程，EXEC 是 EXECUTE 的简写。

存储过程的执行要注意下列几点。

① 如果存储过程名的前缀为 "SP_"，SQL Server 会首先在 master 数据库中寻找符合该名称的系统存储过程。如果没能找到合法的过程名，SQL Server 才会寻找架构名称为 dbo 的存储过程。

② 执行存储过程时，若语句是批处理中的第一个语句，则不一定要指定 EXECUTE 关键字。

4. 案例

（1）简单的存储过程。

【例 5-17】返回 081101 号学生的成绩情况。该存储过程不使用任何参数。

```
CREATE PROCEDURE stu_info
AS
    SELECT *
    FROM 选课
    WHERE 学号= '081101'
GO
```

存储过程定义后，执行存储过程 stu_info

```
EXECUTE stu_info
```

如果该存储过程是批处理中的第一条语句，则可使用下列语句。

```
stu_info
```

（2）带参数的存储过程。

【例 5-18】从数据库的 3 个表中查询某人指定课程的成绩和学分。该存储过程接受与传递参数精确匹配的值。

```
CREATE PROCEDURE  学生表_info1 @name char （8），  @cname char（16）
AS
    SELECT a.学号,   姓名,   课程名,   成绩,   t.学分
    FROM  学生   a   INNER JOIN   选课   b
    ON a.学号 = b.学号 INNER  JOIN   课程   t
    ON b.课程号= t.课程号
    WHERE a.姓名=@name and t.课程名=@cname
GO
```

执行存储过程 stu_info1。

```
EXECUTE stu_info1 '王林',  '计算机基础'
```

以下命令的执行结果与上面相同。

```
EXECUTE stu_info1 @name='王林',  @cname='计算机基础'
```

或者

```
DECLARE @proc char（20）
SET @proc= 'stu_info1'
EXECUTE @proc @name='王林',  @cname='计算机基础'
```

（3）带有通配符参数的存储过程。

【例 5-19】从三个表的连接中返回指定学生的学号、姓名、所选课程名称及该课程的成绩。该存储过程在参数中使用了模式匹配，如果没有提供参数，则使用预设的默认值。

```
CREATE PROCEDURE st_info @name varchar（30）= '李%'
AS
    SELECT a.学号，a.姓名，c.课程名，b.成绩
    FROM   学生 a  INNER JOIN   选课  b
    ON a.学号 =b.学号 INNER JOIN 课程 c
    ON c.课程号= b.课程号
    WHERE  姓名  LIKE @name
```

GO

执行存储过程。

EXECUTE st_info   /*参数使用默认值*/

或者

EXECUTE st_info '王%'   /*传递给@name 的实参为'王%'*/

（4）加密的存储过程。

使用 WITH ENCRYPTION 子句用于对用户隐藏存储过程的文本。

【例 5-20】创建加密过程，使用 sp_helptext 系统存储过程获取关于加密过程的信息，然后尝试直接从系统表 syscomments 中获取关于该过程的信息。

CREATE PROCEDURE encrypt_this WITH ENCRYPTION

AS

SELECT *

FROM 学生

GO

通过系统存储过程 sp_helptext 可显示规则、默认值、未加密的存储过程、用户定义函数、触发器或视图的文本。

执行如下语句。

EXEC sp_helptext encrypt_this

结果集为提示信息。

"对象'encrypt_this' 的文本已加密"。

5. 修改存储过程

使用 ALTER PROCEDURE 命令可修改已存在的存储过程并保留以前赋予的许可。

【例 5-21】对已经创建的存储过程 stu_info1 进行修改，将第一个参数改成学生的学号。

ALTER PROCEDURE stu_info1 @number char（6），@cname char（16）

AS

　　SELECT 学号， 课程名， 成绩

　　FROM　 选课， 课程

　　WHERE 选课.学号=@number AND 课程.课程名=@cname

GO

6. 删除存储过程

当不再使用一个存储过程时，就可以把它从数据库中删除。使用 DROP PROCEDURE 语句可永久地删除存储过程。在此之前，必须确认该存储过程没有任何依赖关系。

语法格式如下所示。

DROP { PROC | PROCEDURE } 存储过程的名称

说明：PROC 是 PROCEDURE 的简写。

【例 5-22】删除数据库中的 stu_info1 存储过程。

IF EXISTS（SELECT name FROM sysobjects WHERE name='stu_info1'）

　　　　　　　　　　　　　　　 --先判断是否存在该存储过程。

DROP PROCEDURE stu_info1

　　　　　　　　　　　　 --如果存在则删除，否则不进行任何操作。

四、触发器

1. 触发器概述

（1）触发器类型

触发器可以看做是一类特殊的存储过程，它在满足某个特定条件时自动触发执行。存储过程和触发器同是提高数据库服务性能的有力工具。

触发器作为一种特殊类型的存储过程，它不同于我们前面介绍过的存储过程。触发器主要是通过事件进行触发而被执行的，而存储过程可以通过存储过程名字而被直接调用。当对某一个表进行诸如 UPDATE、INSERT、DELETE 这些操作时，SQL Server 就会自动执行触发器所定义的 SQL 语句，从而确保对数据的处理必须符合由这些 SQL 语句所定义的规则。

触发器按照角度不同可以分为不同的类别。

触发器按照触发的动作不同，可以分为两类，即 DML 触发器和 DDL 触发器。

① DML 触发器。

当数据库中发生数据操纵语言（DML）事件时将调用 DML 触发器。触发器是为表的更新、插入、删除操作定义的，也就是说当表发生更新、插入或删除操作时触发器将执行。一般情况下，DML 事件包括对表或视图的 INSERT 语句、UPDATE 语句和 DELETE 语句，因而 DML 触发器也可分为 3 种类型，即 INSERT、UPDATE 和 DELETE。

利用 DML 触发器可以方便地保持数据库中数据的完整性。例如，对于数据库已有的学生表、选课表和课程表，当插入某一学号的学生某一课程成绩时，该学号应该是学生表中已存在的，课程号应该是课程表中已存在的。此时，可通过定义 INSERT 触发器实现上述功能。通过 DML 触发器可以实现多个表间数据的一致性（也可以通过设置表之间的参照关系实现）。例如，对于数据库，在学生表中删除一个学生时，在学生表的 DELETE 触发器中要同时删除选课表中所有该学生的记录。

② DDL 触发器。

DDL 触发器是 SQL Server 2005 版本以后新增的功能，也是由相应的事件触发的，但 DDL 触发器触发的事件是数据定义语句（DDL）。这些语句主要是以 CREATE、ALTER、DROP 等关键字开头的语句。DDL 触发器的主要作用是执行管理操作，例如审核系统、控制数据库的操作等。通常情况下，DDL 触发器主要是用于满足以下一些操作需求：防止对数据库架构进行某些修改；希望数据库中发生某些变化以利于相应数据库架构中的更改；记录数据库架构中的更改或事件。DDL 触发器只在响应由 T-SQL 语法所指定的 DDL 事件时才会触发。

（2）触发器的作用

触发器可以认为是一种特殊的存储过程，它的主要作用是保护数据及数据库对象，使系统的处理任务自动执行。另外，还有其他许多不同的作用。

① 强化约束。触发器可以监测数据库内的操作，从而避免数据库中发生未经许可的更新和变化。

② 级联运行。触发器可以侦测数据库内的操作，并自动地级联影响整个数据库的各项内容。例如，某个表上的触发器包含对另外一个表的数据操作（如删除、更新、插入），而该操作又导致该表上的触发器被触发。

③ 存储过程的调用。为了响应数据库的更新，触发器可以调用一个或多个存储过程，甚至可以通过外部过程的调用而在 DBMS 之外进行操作。

（3）触发器中的逻辑表

INSERTED 逻辑表：当向表中插入数据时，INSERT 触发器触发执行，新的记录会首先插入到 INSERTED 表中，当该记录被验证合法后才被插入到表中。

DELETED 逻辑表：用于保存已从表中删除的记录，当触发一个 DELETE 触发器时，被删除的记录存放到 DELETED 表中，当该记录被验证合法后才会被删除或修改。

（4）触发器的使用限制

使用触发器时有以下事项需要注意。

① CREATE TRIGGER 必须是批处理中的第一条语句，并且只能应用到一个表中。

② 触发器只能在当前的数据库中创建。

③ 在同一条 CREATE TRIGGER 语句中，可为多种操作（如 INSERT 和 UPDATE）定义相同的触发器操作。

④ 在同一个创建触发起的语句中，可以为多种操作定义相同的触发器的操作。

⑤ 一个表的外键在 DELETE、UPDATE 操作上定义了级联，不能在该表上定义 INSTEAD OF DELETE、INSTEAD OF UPDATE 触发器。

⑥ 在触发器内可以指定任意的 SET 语句，所选择的 SET 选项在触发器执行期间有效，并在触发器执行完后恢复到以前的设置。

⑦ 触发器中不允许包含以下 T-SQL 语句：CREATE DATABASE、ALTER DATABASE、LOAD DATABASE、RESTORE DATABASE、DROP DATABASE、LOAD LOG、RESTORE LOG、DISK INIT、DISK RESIZE 和 RECONFIGURE。

⑧ 触发器不能返回任何结果，为了阻止从触发器返回结果，不要在触发器定义中包含 SELECT 语句或变量赋值。

2. DML 触发器

（1）语法格式

创建 DML 触发器的语法格式如下所示。

```
CREATE TRIGGER 触发器名 ON    表|视图
    FOR|AFTER|INSTEAD OF {INSERT，DELETE，UPDATE}
    AS
    {触发器功能}
```

DML 触发器的种类按照触发时机不同又可以分为 3 类，即 INSERT 触发器、UPDATE 触发器和 DELETE 触发器。

（2）DELETE 触发器

DELETE 触发器的工作过程是，当触发 DELETE 触发器后，从受影响的表中删除的行将被放置到一个特殊的 DELETED 表中。DELETED 表是一个逻辑表，它保留已被删除数据行的一个副本。DELETED 表还允许引用由初始化 DELETE 语句产生的日志数据。

使用 DELETE 触发器时，需要注意以下事项。

① 当某行被添加到 DELETED 表中时，它就不再存在于数据库表中；因此，DELETED 表和数据库表没有相同的行。

② 创建 DELETED 表时，空间是从内存中分配的。DELETED 表总是被存储在高速缓存中。

③ 为 DELETE 动作定义的触发器并不执行 TRUNCATE TABLE 语句，原因在于日志不记录 TRUNCATE TABLE 语句。

【例5-23】在删除数据时通过触发器保证数据的一致性和完整性。要求当删除一门课程的信息时，它所对应的选课记录也同时被删除。

```
CREATE TRIGGER t1   ON 课程
FOR DELETE
AS
BEGIN
     DELETE FROM  选课
     WHERE  课程号=（SELECT  课程号  FROM DELETED）
END
```

说明：创建触发器成功后从课程表中删除一条数据，然后观察选课表中的数据变化，发现该课程所对应的选课记录也被删除了。

（3）UPDATE 触发器

UPDATE 触发器的工作过程是，可将 UPDATE 语句看成两步操作：即捕获数据前像（BEFORE IMAGE）的 DELETE 语句，和捕获数据后像（AFTER IMAGE）的 INSERT 语句。当在定义有触发器的表上执行 UPDATE 语句时，原始行（前像）被移入到 DELETED 表，更新行（后像）被移入到 INSERTED 表。

触发器检查 DELETED 表和 INSERTED 表以及被更新的表，来确定是否更新了多行以及如何执行触发器动作。

可以使用 IF UPDATE（列名）语句定义一个监视指定列的数据更新的触发器。这样，就可以让触发器容易的隔离出特定列的活动。当它检测到指定列已经更新时，触发器就会进一步执行适当的动作，例如发出错误信息指出该列不能更新，或者根据新的更新的列值执行一系列的动作语句。

【例5-24】在更新数据时通过触发器来保证数据的一致性和完整性，要求当更新课程表中的课程号时它所对应的选课记录中的课程号也同时被更新。

```
CREATE TRIGGER t2 ON  课程
FOR UPDATE
AS
BEGIN
     IF   UPDATE（课程号）
     UPDATE  选课
     SET  课程号=（SELECT  课程号  FROM INSERTED）
     WHERE  课程号=（SELECT  课程号  FROM DELETED）
END
```

说明：创建触发器成功后更新一下课程表中的一个课程号，然后观察选课表中课程号列的数据变化，会发现它所对应的选课记录中的课程号也同时被更新了。

（4）INSERT 触发器

INSERT 触发器的工作过程是，当触发 INSERT 触发器时，新的数据行就会被插入到触发器表和 INSERTED 表中。INSERTED 表是一个逻辑表，它包含了已经插入的数据行的一个副本。INSERTED 表包含了 INSERT 语句中已记录的插入动作。INSERTED 表还允许引用由初始化 INSERT 语句而产生的日志数据。触发器通过检查 INSERTED 表来确定是否执行触发器动作或如何执行它。INSERTED 表中的行总是触发器表中一行或多行的副本。

日志中记录了所有修改数据的动作（INSERT、UPDATE 和 DELETE 语句），但在事务日志中的信息是不可读的。然而，INSERTED 表允许你引用由 INSERT 语句引起的日志变化，这样就可以将插入数据与发生的变化进行比较，来验证它们或采取进一步的动作。也可以直接引用插入的数据，而不必将它们存储到变量中。

【例 5-25】创建一张三好学生表 good_stu，在插入数据时通过触发器来保证数据的一致性和完整性。要求三好学生表中的学生必须是学生表中已有的学生。

分析：

第一种解决办法是，设置外码。

第二种解决办法是，触发器。定义 INSERT 触发器。

```
CREATE TABLE good_stu
（学号  CHAR(6),
   姓名  CHAR(8)）
GO


ALTER TRIGGER t3 ON good_stu
FOR INSERT
AS
BEGIN
    IF   EXISTS（SELECT * FROM 学生  WHERE 学号=
（SELECT  学号  FROM INSERTED)）
         PRINT '插入成功！'
  ELSE
    BEGIN
       PRINT'插入不成功'
       ROLLBACK TRANSACTION
    END
END
```

说明：创建触发器成功后向 good_stu 表插入一条数据，然后观察学生表中的数据变化，会发现和通过设置外码一样可以保证两张表之间的参照完整性。

DML 触发器除了可以在进行 DML 操作的时候保护数据的完整性外（如前面例题所示）还可以解决以下问题，如下面例题所示。

【例 5-26】创建一个表 table1，其中只有一列 a。在表上创建一个触发器，每次插入操作时，将变量@str 的值设为 "trigger is working" 并显示。

```
CREATE TABLE table1（a INT）
GO                    --先创建表 table1


CREATE TRIGGER t4
```

```
On table1 AFTER INSERT
AS
BEGIN
DECLARE @str CHAR（50）        --定义变量@str
SET @str='trigger is working'        --给变量赋值，未赋值前变量值为空。
PRINT @str                                --以文本方式显示变量值
END
```

说明：

向 table1 中插入一行数据。

```
INSERT INTO table1
VALUES（10）
```

然后观察数据的变化，发现每次有 insert 操作时，都会有提示信息出现。

【例5-27】创建触发器，当向选课表中插入一个学生的成绩时，如果该同学分数及格，则将学生表中该学生的总学分再加上新添加的课程的学分。

```
CREATE TRIGGER t5    ON  选课  AFTER INSERT
AS
BEGIN
     DECLARE @num CHAR（6），  kc_num CHAR（3）
     DECLARE @xf INT,@cj int
     SELECT @num=学号，  @kc_num=课程号，@s=成绩
                              --给变量赋值，未赋值前变量值为空。
     FROM INSERTED
IF @s>=60
  Begin
     SELECT @xf=学分
     FROM  课程
     WHERE  课程号=@kc_num
     UPDATE  学生
     SET z 学分=z 学分+@学分
     WHERE  学号=@num
     PRINT '修改成功'
  End
Else
   Print'该学生成绩不及格，不能获得这门课的学分！'
END
```

说明：触发器创建成功后，向选课表中插入一个学生的成绩时发现，如果成绩及格则将学生表中该学生的总学分加上添加的课程的学分，如果成绩不及格则出现提示信息。

【例5-28】创建触发器，当修改学生表中的学号时，同时也要将选课表中的学号修改成相应的学号（假设学生表和选课表之间没有定义外键约束）。

```
CREATE TRIGGER t6
```

```
ON 学生 AFTER UPDATE
AS
    BEGIN
        DECLARE @old_num CHAR（6）, @new_num CHAR（6）
        SELECT @old_num=学号 FROM DELETED
        SELECT @new_num=学号 FROM INSERTED
    UPDATE 选课
    SET 学号=@new_num
    WHERE 学号=@old_num
END
```

修改学生表中的一行数据，并查看触发器执行结果。

```
UPDATE 学生
SET 学号='081120'
WHERE 学号='081101'

SELECT *
FROM 选课
WHERE 学号='081120'
```

【例 5-29】在删除学生表中的一条学生记录时将选课表中该学生的相应记录也删除。

```
CREATE TRIGGER T7
ON 学生 AFTER DELETE
AS
BEGIN
    DELETE FROM 选课
    WHERE 学号 IN（SELECT 学号 FROM DELETED）
END
```

【例 5-30】在课程表中创建 UPDATE 和 DELETE 触发器，当修改或删除课程表中的课程号字段时，同时修改或删除选课表中的该课程号。

```
CREATE TRIGGER t8
ON 课程 AFTER UPDATE, DELETE
AS
    BEGIN
        IF （UPDATE（课程号））
            UPDATE 选课
            SET 课程号=（SELECT 课程号 FROM INSERTED）
            WHERE 课程号=（SELECT 课程号 FROM DELETED）
        ELSE
            DELETE FROM 选课
            WHERE 课程号 IN（SELECT 课程号 FROM DELETED）
    END
```

（5）INSTEAD OF 触发器

对于基于单表的视图，可以对视图的数据进行增加、修改、删除是毫无疑问的。对于基于多表的视图，对数据的增加、修改、删除是不被允许的，但我们可以通过使用 INSTEAD OF 触发器。

INSTEAD OF 触发器的工作原理是，INSTEAD OF 触发器被触发时，不执行触发它的语句，而是执行触发器中的 SQL 语句。

INSTEAD OF 触发器的工作过程：可以在表或视图上指定 INSTEAD OF 触发器。执行这种触发器就能够替代原始的触发动作。INSTEAD OF 触发器扩展了视图更新的类型。对于每一种触发动作（INSERT、UPDATE 或 DELETE），每一个表或视图只能有一个 INSTEAD OF 触发器。

INSTEAD OF 触发器常被用于更新那些没有办法通过正常方式更新的视图。例如，通常不能在一个基于连接的视图上进行 DELETE 操作。然而，可以编写一个 INSTEAD OF DEL-ETE 触发器来实现删除。上述触发器可以访问那些如果视图是一个真正的表时已经被删除的数据行。将被删除的行存储在一个名为 DELETED 的工作表中，就像 AFTER 触发器一样。相似地，在 UPDATE INSTEAD OF 触发器或者 INSERT INSTEAD OF 触发器中，你可以访问 INSERTED 表中的新行。

INSTEAD OF 触发器和 AFTER 触发器的对比见表 5-2。

表 5-2　AFTER 触发器与 INSETED OF 触发器的功能对比

功　能	After 触发器	INSTEAD OF 触发器
适用对象	表	表和视图
每个表或视图可用的数量	允许每个动作有多个触发器	每个动作（UPDATE\DELETE\INSERT）一个触发器
级联应用	没有限制	在座位级联引用完整性约束目标的表上限制应用
执行时机	声明引用动作之后	在约束处理之前，代替了触发动作
	在创建 INSERTED 表和 DELETED 表触发时	在创建 INSERTED 表和 DELETED 表之后
执行顺序	可以制定第一个和最后一个触发器执行动作	不适用
在 INSERTED 表和 DELETED 表引用 TEXT、NTEXT 和 IMAGE 类型的数据	不允许	允许

INSTEAD OF 触发器有以下主要优点。

① 可以使不能更新的视图支持更新。基于多个基表的视图必须使用 INSTEAD OF 触发器来支持引用多个表中数据的插入、更新和删除操作。

② 使用户可以编写这样的逻辑代码：在允许批处理的其他部分成功的同时拒绝批处理中的某些部分。对于含有使用 DELETE 或 UPDATE 级联操作定义的外键的表，不能定义 INSTEAD OF DELETE 和 INSTEAD OF UPDATE 触发器。

使用 INSTEAD OF 触发器时需要注意以下事项。

① 如果视图的列不可以为以下几种情况之一：基表中的计算列；基表中的标识列；具有 TIMESTAMP 数据类型的基表列。因为该视图的 INSERT 语句必须为这些列指定值，INSTEAD OF 触发器在构成将值插入基表的 INSERT 语句时会忽略指定的值。

② 不能在带有 WITH CHECK OPTION 定义的视图中创建 INSTEAD OF 触发器。

【例 5-31】创建表 table2，值包含一列 a，在表中创建 INSTEAD OF INSERT 触发器，当向表中插入记录时显示相应消息。

CREATE TABLE table2（a INT）

GO

　　CREATE TRIGGER t9

　　ON table2 INSTEAD OF INSERT

AS

　　PRINT 'INSTEAD OF TRIGGER IS WORKING'

向表中插入一行数据。

INSERT INTO table2

VALUES（10）

说明：观察触发器的作用，会发现当有 insert 操作时会有提示信息出现。

【例 5-32】在数据库中创建视图 stu_view，包含学生学号、专业、课程号、成绩。要求实现可以通过向 stu_view 视图中插入记录。

分析：该视图依赖于表学生和选课，是不可更新视图。可根据 INSTEAD OF 触发器的工作原理，在视图上创建 INSTEAD OF 触发器，当向视图中插入数据时分别向表学生和选课插入数据，从而实现向视图插入数据的功能。

第一步，创建视图。

CREATE VIEW stu_view

AS

SELECT 学生.学号，专业，课程号，成绩

FROM 学生，选课

WHERE 学生.学号=选课.学号

第二步，创建 INSTEAD OF 触发器。

CREATE TRIGGER t10　　ON stu_view

　INSTEAD OF INSERT

AS

BEGIN

　　DECLARE @xh CHAR（6），@xm CHAR（8）

　　DECLARE @zy CHAR（12），@kch CHAR（3），@cj INT

　　SET @xm='佚名'

　　SELECT @xh=学号，@zy=专业，@kch=课程号，@cj=成绩

　　FROM INSERTED

INSERT INTO 学生（学号，姓名，专业）

VALUES（@xh，@xm，@zy）

INSERT INTO 选课

VALUES（@xh，@kch，@cj）

END

第三步，向视图插入一行数据。

INSERT INTO stu_view

VALUES（'091102'，'计算机'，'101'，85 ）

查看数据是否插入。

```
SELECT *
FROM stu_view
WHERE  学号= '091102'
```
执行结果如下所示。

	学号	专业	课程号	成绩
1	091102	计算机	101	85

```
SELECT *
FROM  学生
WHERE  学号= '091102'
```
执行结果如下所示。

	学号	姓名	性别	出生时间	专业	总学分	备注
1	091102	佚名	1	NULL	计算机	5	NULL

3. DDL 触发器

创建 DDL 触发器的语法格式如下所示。

```
CREATE TRIGGER  触发器名
ON { ALL SERVER | DATABASE }
{ FOR | AFTER } {  动作  }
    AS
        {触发器功能代码}
```

【例 5-33】创建数据库作用域的 DDL 触发器，当删除一个表时，提示能删除该表，然后回滚删除表的操作。

```
CREATE TRIGGER   t11
ON DATABASE
AFTER DROP_TABLE
AS
        PRINT '不能删除该表'
        ROLLBACK TRANSACTION    --回滚
        触发器创建好后，试着删除一张表，观察数据库的变化。
```

【例 5-34】创建服务器作用域的 DDL 触发器，当删除一个数据库时，提示"禁止该操作并回滚删除数据库的操作"。

```
CREATE TRIGGER   t12
ON ALL SERVER
AFTER DROP_DATABASE
AS
        PRINT '禁止该操作并回滚删除数据库的操作'
        ROLLBACK TRANSACTION                    --回滚
```
说明：触发器创建好后，试着删除数据库，观察数据库的变化。

4. 修改触发器

（1）修改 DML 触发器的语法格式如下所示。

```
ALTER TRIGGER  触发器名称  ON   （表|视图）
[WITH ENCRYPTION]
```

```
  （FOR|AFTER|INSTEAD OF）{DELETE | INSERT |  UPDATE}
    NOT FOR REPLICATION ]
AS
   {触发器功能代码}
```

（2）修改 DDL 触发器的语法格式如下所示。

```
ALTER TRIGGER  触发器名称 ON { DATABASE|ALL SERVER}
[ WITH ENCRYPTION ]
{ FOR|AFTER} {DELETE | INSERT | UPDATE}
[NOT FOR REPLICATION ]
AS
   {触发器功能代码}
```

【例 5-35】修改数据库中在学生表上定义的触发器 t11，将其修改为 UPDATE 触发器。

ALTER TRIGGER t11   ON 学生

FOR UPDATE

AS

PRINT '执行的操作是修改'

5．删除触发器

触发器本身是存在表中的，因此，当表被删除时，表中的触发器也将一起被删除。删除触发器使用 DROP TRIGGER 语句。

语法格式如下所示。

```
DROP TRIGGER  触发器 1 [ ，…N ] [ ; ]       /*删除 DML 触发器/
DROP TRIGGER  触发器 1 [ ，…N ]
ON { DATABASE | ALL SERVER }[ ; ]         /*删除 DDL 触发器*/
```

说明：如果是删除 DDL 触发器，则要使用 on 指名是在数据库作用域还是服务器作用域。

【例 5-36】删除 DML 触发器 t11。

IF EXISTS （SELECT name FROM sysobjects WHERE name = 't11'）

DROP TRIGGER t11

【例 5-37】删除 DDL 触发器 t12。

DROP TRIGGER t12 ON DATABASE

习　题

1．创建默认值对象"系缺省"，实现学生所在系的默认值约束为"计算机"。

2．把第 1 题创建的默认值对象删除（注意，需要两个步骤）。

3．创建规则对象"年龄规则"，实现学生年龄只允许在 18 至 25 之间。

4．请创建存储过程"学生查询"，要求实现可以通过调用该存储过程根据系名和学生姓名查询到该学生的所有信息。并请调用该存储过程，查询计算机系王琳同学的信息。

5．请创建存储过程 sc_insert，要求实现在向选课表插入数据时检查该信息中的学生号是否存在学生表中，该信息中的课程号是否存在课程表中，如果都存在则允许插入，否则，拒绝插入实现回滚（注意，这个题目本质是要求通过触发器实现三张表的参照完整性）。

第六章　关系数据库理论

【知识目标】

- 了解关系模式的定义以及如何对关系模式进行评价;
- 掌握函数依赖的概念;
- 掌握第 1NF、2NF、3NF、BCNF;
- 了解第 4NF、5NF 及多值依赖;
- 了解关系模式的分解算法。

【能力目标】

- 能根据具体语境写出函数依赖;
- 能判断某个关系模式的范式级别;
- 能利用分解算法对关系模式进行规范化处理。

针对一个具体的数据库系统,开发人员要做两件事,即创建数据库和编制应用程序,其中创建数据库是基础。对于关系数据库,创建数据库首先要确定数据库由哪些表组成,各个表有什么属性,即设计关系模式。关系模式设计的好坏会直接影响到数据库的使用。如何设计出合理、高效的关系数据库呢?设计的理论依据是什么呢?本章就是针对这些问题作一些探讨。

第一节　关系模式的评价

一、关系模式

关系模式是对关系的描述,为了能够清楚地刻画出一个关系,它需要由 5 部分组成,即应该是一个五元组。

$R(U, D, Dom, F)$

其中,R 为关系名,U 为组成该关系的属性名集合,D 为属性组 U 中各属性所来自的域,Dom 为属性向域的映像集合,F 为属性间数据的依赖关系集合。

属性间数据的依赖关系集合 F 实际上就是描述关系的元组语义,限定组成关系的各个元组必须满足的完整性约束条件。在实际中,这些约束或者通过对属性取值范围的限定,例如,学生成绩必须在 0~100 之间,或者通过属性值间的相互关联(主要体现于值的相等与否)反映出来,后者称为数据依赖,它是数据库模式设计的关键。

关系是关系模式在某一时刻的状态或内容。关系模式是静态的、稳定的,关系是动态的,不同时刻的关系模式中的关系可能会有所不同,但它们都必须满足关系模式中属性间数据的依赖关系集合 F 所指定的完整性约束条件。

由于在关系模式 $R(U, D, Dom, F)$ 中,影响数据库模式设计的主要是 U 和 F,D 和

Dom 对其影响不大，为了方便讨论，本章将关系模式简化为一个三元组 $R(U, F)$，当且仅当 U 上的一个关系 r 满足 R 时，r 称为关系模式 $R(U, F)$ 的一个关系。

二、关系模式的评价

关系模式的设计是关系数据库理论的核心内容，关系模式设计的目标是按照一定的原则从数量众多而又相互关联的数据中，构造出一组既能较好地反映现实世界，而又有良好的操作性能的关系模式。

在论述如何设计一个好的数据库模式之前，我们先来了解一下如果一个数据库设计得不好，即关系模式设计不好，将会出现什么问题。

【例 6-1】要求设计一个教学管理数据库，希望从该数据库中得到学生学号、学生姓名、年龄、系别、系主任姓名、学生学习的课程和该课程的成绩等信息。若将这些信息设计为一个关系，关系模式为教学（学号，姓名，年龄，系名，系主任，课程名，成绩），见表 6-1。

表 6-1　教学关系模式

学号	姓名	年龄	系名	系主任	课程名	成绩
98001	李华	21	计算机	王民	C 语言	90
98001	李华	21	计算机	王民	高等数学	80
98002	张平	22	计算机	王民	C 语言	65
98002	张平	22	计算机	王民	高等数学	70
98003	陈兵	21	数学	赵敏	高等数学	95
98003	陈兵	21	数学	赵敏	离散数学	75
99001	陆莉	23	物理	王珊	普通物理	85

以上关系存在下面几个问题。

（1）数据冗余较大

一个学生只有一个姓名，但表 6-1 中若一个学生选了几门课，则该学生的姓名就会重复几次。同样，一个系也只有一个系主任，表 6-1 中系主任的姓名重复得就更多了。

（2）修改异常

假如计算机系的系主任换了，那么表 6-1 中的四条记录的系主任都需要修改，假如改得不一样，或少改了一处，就会造成数据不一致。

（3）插入异常

假如新成立了一个系，化工系，并且也有了系主任，但还没有招学生，所以不能在表 6-1 中插入化工系的记录，也就不能在数据库中保存化工系的系名和系主任的信息。同样，如果新增一门课，但还没有学生选修，所以也不能插入该课程。

（4）删除异常

如果数学系的学生全毕业了，则需要删除该系的学生记录，但如果该系的学生记录全删除了，则该系的系名、系主任信息也从数据库中删除了。

鉴于存在以上种种问题，可以得出结论：教学关系模式不是一个好的模式。一个好的关系模式，除了能满足用户对信息存储和查询的基本要求外，还应具备下列条件。

① 尽可能少的数据冗余；

② 没有插入异常；

③ 没有删除异常；

④ 没有更新异常。

对于有问题的关系模式，可以通过模式分解的方法使其规范化，上述关系模式如果分解为以下三个关系则可以克服以上出现的问题。

学生（学号，姓名，年龄，系名）

系（系名，系主任）

选课（学号，课程名，成绩）

如何分解关系模式，分解的依据是什么？这就是本章要讨论的问题。

一个关系模式之所以会产生上述问题，是由存在于模式中的某些数据依赖引起的。规范化理论正是用来改造关系模式，通过分解关系模式来消除其中不合适的数据依赖，以解决插入异常、删除异常、更新异常和数据冗余问题。

第二节　函数依赖

一、数据依赖

数据依赖是指同一关系中属性值的相互依赖和相互制约，即一个关系中属性间值的相等与否体现出来的数据间的相互关系。如学生的学号的确定了，那么就可以确定其姓名及其他信息等，所以说学号决定一个学生。

数据依赖分函数依赖、多值依赖和连接依赖等，其中函数依赖是最基本的一种数据依赖。

二、函数依赖

设 $R(U)$ 是一个关系模式，U 是 R 的属性集合，X 和 Y 是 U 的子集。对于 $R(U)$ 的任意一个可能的关系 r，如果 r 中不存在两个元组，它们在 X 上的属性值相同，而在 Y 上的属性值不同，则称 X 函数确定 Y 或 Y 函数依赖于 X 记作 $X \rightarrow Y$。其中 X 称为决定因素，Y 称为依赖因素。

简单地说，对于任意两个元组，如果它们的 X 属性组值相同，则它们的 Y 属性组值也相同，我们就说 X 函数确定 Y，或者说 Y 函数依赖于 X。

更简单的表达：对于每一个确定的 X，Y 的值就被唯一地确定，则说 X 函数决定 Y，或者说 Y 函数依赖 X。

如关系模式：公民（身份证号，姓名，地址，工作单位）

身份证号一旦确定，则其地址就唯一确定，因此身份证号函数决定地址。而姓名一旦确定，却不一定能决定地址，因为存在同名的情况。

对于函数依赖，需要说明以下几点。

① 函数依赖不是指关系模式 R 的某个或某些关系满足的约束条件，而是指关系模式 R 的所有关系均要满足的约束条件。

② 函数依赖和别的数据之间的依赖关系一样，是语义范畴的概念。我们只能根据数据的语义来确定函数依赖。例如，"姓名、年龄"这个函数依赖只有在没有同名的人的条件下成立，如果有相同名字的人，则"年龄"就不再函数依赖于"姓名"了。

③ 若 $X \rightarrow Y$，则 X 称为这个函数依赖的决定属性集。

三、函数依赖的几种特例

1. 完全函数依赖与部分函数依赖

在关系模式 $R(U)$ 中，如果 $X \to Y$，并且对于 X 的任何一个真子集 X'，都有 $X' \nrightarrow Y$，则称 Y 完全函数依赖于 X，记作 $X \xrightarrow{f} Y$。若 $X \to Y$，但 Y 不完全函数依赖于 X，则称 Y 部分函数依赖于 X，记作 $X \xrightarrow{P} Y$。

如，选课（学号，课程号，课程名，成绩），该关系中关键字是（学号、课程号），（学号，课程号）$\xrightarrow{f}$ 成绩，（学号，课程号）$\xrightarrow{P}$ 课程名，因为课程号 $\to$ 课程名。

课程名对关键字（学号，课程号）是部分依赖关系，因为课程名又是可以由课程号决定。

推论：如果 $X \to Y$，且 X 是单个属性，则 $X \xrightarrow{f} Y$。

2. 传递函数依赖

在关系模式 $R(U)$ 中，如果 $X \to Y$，$Y \to Z$ 且 $Y \not\subset X$，Y 则称 Z 传递函数依赖于 X。

传递函数依赖定义中之所以要加上条件 $Y \to X$，是因为如果 $Y \to X$，则 $X \leftrightarrow Y$，这实际上是 Z 直接依赖于 $X(X \to Y)$，而不是传递函数依赖了。

如，学生（学号，姓名，系名，系主任），显然系主任传递函数依赖于学号，因为学号 $\to$ 系名，系名 $\to$ 系主任。

3. 平凡函数依赖与非平凡函数依赖

在关系模式 $R(U)$ 中，对于 U 的子集 X 和 Y，如果 $X \to Y$，但 $Y \not\subset X$，则称 $X \to Y$ 是非平凡函数依赖。若 $Y \subseteq X$ 但 $Y \not\supset X$，则称 $X \xrightarrow{f} Y$ 是平凡函数依赖。若不特别声明，总是讨论非平凡函数依赖。

4. 码

第二章中给出了关系模式的码的非形式化定义，这里使用函数依赖的概念来严格定义关系模式的码。

我们已经知道，如果某属性组的值能唯一确定整个元组的值，则称该属性组为码（或称为候选码）或关键字（或候选关键字）。

下面从函数依赖的角度定义码。

【定义1】设 K 为关系模式 $R(U, F)$ 中的属性或属性组合，若 $K \xrightarrow{f} U$，则 K 称为 R 的一个候选码（Candidate key）（候选关键字或码）。若关系模式 R 有多个候选码，则选定其中的一个做为主码（Primary key）。

码是关系模式中的一个重要概念。码能够唯一地标识关系的元组，是关系模式中一组最重要的属性。另一方面，主码又和外码一起提供了一个表示关系间联系的手段。

第三节　范　式

范式是符合某一种级别的关系模式的集合。关系数据库中的关系必须满足一定的要求。满足不同程度要求的为不同范式。目前主要有 5 种范式：第一范式、第二范式、第三范式、BC 范式、第四范式。满足最低要求的叫第一范式，简称为 1NF。在第一范式基础上进一步满足一些要求的为第二范式，简称为 2NF。其余以此类推，显然各种范式之间存在联系：
$$1NF \subset 2NF \subset 3NF \subset BCNF \subset 4NF \subset 5NF$$

一、第一范式

【定义 2】如果一个关系模式的所有属性都是不可分的基本数据项，则 $R \in 1NF$。

在任何一个关系数据库系统中，1NF 是对关系模式的一个最起码的要求。不满足第一范式的数据库模式不能称为关系数据库。

1NF 是规范化的最低要求，是关系模式要遵循的最基本的范式。不满足 1NF 的关系是非规范化的关系。

比如表 6-2 就是一种非规范化的关系模式，因为属性"身份"还可以再进行细分，分成性别和身份。因此，可以对表 6-2 进行横向展开，可转化为表 6-3 中的符合 1NF 的关系模式。

表 6-2 非规范化关系

姓名	身份	年龄
张三	男学生	17
李四	女教师	27
林林	女作家	29

表 6-3 消除可再分属性后的规范化关系

姓名	性别	身份	年龄
张三	男	学生	17
李四	女	教师	27
林林	女	作家	29

1NF 是作为一个关系模式的最起码要求，是一定要满足的。1NF 仅是关系模式的最低要求，仅仅满足 1NF 是不够的。如前面所讲的关系模式：

教学（学号，姓名，年龄，系名，系主任，课程名，成绩）

满足 1NF，但存在较大数据冗余和插入、删除、修改异常。

二、第二范式

【定义 3】若关系模式 $R \in 1NF$，并且每一个非主属性都完全函数依赖于 R 的码，则 $R \in 2NF$。

2NF 不允许关系模式的属性之间有这样的函数依赖：$X \rightarrow Y$，其中 X 是码的真子集，Y 是非主属性。显然，码只包含一个属性的关系模式，如果属于 1NF，那么它一定属于 2NF。

【例 6-2】判断 R（教师编号，教师地址，课程号，课程名）是否属于 2NF。

码：（教师编号，课程号）

非主属性：教师地址，课程名

因为存在（教师编号，课程号）$\xrightarrow{P}$教师地址，所以本关系模式不属于 2NF。或者因为存在（教师编号，课程号）$\xrightarrow{P}$课程名，所以本关系模式不属于 2NF。总结以上例子，只要存在一个部分依赖，就可以证明该关系模式不属于 2NF。

【例 6-3】判断选课（学号，课程号，成绩）是否属于 2NF，假如规定一个学生一门课只有一个成绩。

码：（学号，课程号）

非主属性：成绩

因为成绩完全函数依赖于（学号，课程号），所以属于 2NF。

【例 6-4】判断教师上课关系（教师编号，班级，课程）是否属于 2NF。假定一位教师给同一个班至多上一门课，一门课可以由多位教师上，一名老师也可上多门课。

　　码：（教师编号，班级）

　　非主属性：课程

　　因为非主属性课程完全函数依赖于（教师编号，班级），所以属于 2NF。

　　满足了 2NF 是不是就不存在异常呢？答案是否定的，我们来看下面这个例子，就知道即使满足了 2NF 还是会存在很多问题。

　　【例 6-5】学生（学号，姓名，年龄，系名，系主任，系办电话）

　　码是学号，非主属性是姓名、年龄、系名、系主任、系办电话。因为没有存在部分函数依赖，所以该关系模式满足 2NF，但还存如下问题：

　　（1）存在数据冗余：如果该系有 1000 名学生，则系名和系主任就要重复 1000 次。

　　（2）存在插入异常：如果系刚成立，但没有学生时则是不能添加系。

　　（3）存在删除异常：如果某系学生全部毕业，那么系的信息丢失。

　　（4）存在修改异常：如果系办电话改动，需要改动多处。

　　因此必须要有更高要求的范式。

三、第三范式

　　【定义 4】如果关系模式 $R(U, F)$ 中不存在候选码 X、属性组 Y 以及非主属性 $Z(Z \not\subset Y)$，使得 $X \to Y$，$Y \to Z$ 成立，则 $R \in 3NF$。

　　由定义可以证明，若 $R \in 3NF$，则 R 的每一个非主属性既不部分函数依赖于候选码，也不传递函数依赖于候选码。显然，如果 $R \in 3NF$，则 R 也是 2NF。

　　【例 6-6】判断上述关系模式学生（学号，姓名，年龄，系名，系主任，系办电话）是否满足 3NF。

　　首先判断该关系模式的码以及非主属性。该关系的码是学号，剩余的属性都是非主属性。

　　接着判断是否属于 2NF。因为没有存在部分函数依赖，所以该范式属于 2NF（[例 6-5] 已证明）。

　　因为学号 → 系名，系名 → 系主任，所以系主任传递函数依赖于学号，即本关系模式不满足 3NF。

　　不满足 3NF 的关系模式存在各种异常。

　　那么满足 3NF 的关系模式是不是就不存在异常呢？一般情况下是可以了，但有些特殊情况下依然还存在异常。

　　【例 6-7】教学（学号，教师编号，课程号），假定每一教师只能讲一门课，每门课由若干教师讲授，每个学生选修某门课时就对应一个固定的教师。

　　码：（学号，教师编号）或（学号，课程号），3 个属性都是主属性，没有非主属性，所以既不存在部分函数依赖，满足 2NF，也不存在传递函数依赖，所以该关系模式属于 3NF。

　　但该关系模式还是有数据冗余和存储异常。

　　① 插入异常：无法存储不选课的学生和不开课的教师。

　　② 删除异常：无法删除一个学生的选课信息，否则学生也要被删除。

　　③ 更新异常：某门课的某位教师换了，则选该教师的所有记录均需修改。

　　④ 数据冗余较大：一个学生选多门课，需重复存放该学生的信息。

　　问题存在的原因是主属性部分函数依赖于码（注 2NF，3NF 是要求非主属性对码的要求，而不是主属性对码的要求）如（学号，教师编号）→ 课程号，而教师编号 → 课程号，所以课程号部分依赖于码（学号，教师编号）。所以还需要有更高的范式来规范。

四、BC 范式

BCNF（Boyce Codd Norml Form，鲍依斯—科得范式）是由 Boyce 和 Codd 共同提出的，比上述的 3NF 又进了一步，通常认为 BCNF 是修正的 3NF，有时也称为扩充的 3NF。

【定义 5】　设关系模式 $R（U，F）\in 1NF$。若 $X \rightarrow Y$ 且 $Y \not\subset X$ 时 X 必含有码，则 $R（U，F）\in BCNF$。

也就是说，关系模式 $R(U，F)$ 中，若每一个决定因素都包含码，则 $R（U，F）\in BCNF$。决定因素是指当 $X \rightarrow Y$ 时 Y 值由 X 值决定，那么 X 就称为决定因素。

由 BCNF 的定义可以知道，一个满足 BCNF 的关系模式有以下特点。

① 所有非主属性都完全函数依赖于每个候选码。

② 所有主属性都完全函数依赖于每个不包含它的候选码。

③ 没有任何属性完全函数依赖于非码的任何一组属性。

2NF、3NF 分别消除了非主属性对码的部分函数依赖和传递函数依赖，而 BCNF 在 3NF 的基础上消除了主属性对码的部分函数依赖，因此如果 $R \in BCNF$，则 $R \in 3NF$，反之则不成立。

假设关系模式 $SJP（S，J，P）$，其中 S 表示学生，J 表示课程，P 表示名次。学生没有重名，则每一个学生每门课程有一定的名次，每门课程中每一名次只有一个学生。由语义得到下面的函数依赖。

$$（S，J）\rightarrow P，（J，P）\rightarrow S$$

可见 $（S，J）$ 与 $（J，P）$ 都是关键字。这关键字各有两个属性组成，而且它们是相交的。这个关系模式中显然不存在非主属性对关键字部分函数依赖或传递函数依赖。所以 SJP 属于 3NF。此外，除 $（S，J）$ 与 $（J，P）$ 以外没有其他决定因素，所以 SJP 同时也是 BCNF。

五、多值依赖及 4NF

前面完全是在函数依赖的范畴内讨论关系模式的范式问题。如果仅考虑函数依赖这一种数据依赖，属于 BCNF 的关系模式已经很完美了。但如果考虑其他数据依赖，例如，多值依赖，属于 BCNF 的关系模式仍存在问题，不能算作是一个完美的关系模式。例如，某学校，一门课由多位教师讲授，他们使用相应的几种参考书，关系模式为讲课（课程名，教师，参考书）。该关系可用二维表表示，见表 6-4。

表 6-4　讲课二维关系表

课程名	教师	参考书	课程名	教师	参考书
数学	邓军	数学分析	物理	李平	光学物理
数学	邓军	高等代数	物理	王强	普通物理学
数学	邓军	微分方程	物理	王强	光学物理
数学	陈斯	数学分析	物理	刘明	普通物理学
数学	陈斯	高等代数	物理	刘明	光学物理
数学	陈斯	微分方程	…	…	…
物理	李平	普通物理学			

关系模式讲课具有唯一候选码（课程名，教师，参考书），即全码。因而讲课属于 BCNF。

但是当某一课程（如物理）增加一名教师，如李兰时，由于存在多本参考书，所以必须插入多个元组，（物理，李兰，普通物理学）、（物理，李兰，光学原理）、（物理，李兰物理习题集）。同样，要去掉一门课，也需要删除多个元组。

在这个例子中，存在着称为多值依赖的数据依赖。

【定义6】$R(U)$是一个属性集 U 上的一个关系模式，X, Y, Z 是 U 的子集，并且 $Z=U–X–Y$。关系模式 R 中多值依赖 $X \rightarrow \rightarrow Y$ 成立，当且仅当对于 R 的任一关系 r，给定的一对（X, Z）值，有一组 Y 的值，这组值仅仅决定于 X 值而与 Z 值无关。

在上述的关系模式讲课中，教师多值依赖于课程，即课程 $\rightarrow \rightarrow$ 教师。即对于一个（物理，光学物理）有一组教师值（李勇，王军），这组值仅仅决定于课程上的值，即物理。这就是多值依赖。

若 $X \rightarrow \rightarrow Y$，而 $Z = \phi$，即 Z 为空，则称 $X \rightarrow \rightarrow Y$ 为平凡的多值依赖；反之即为非平凡的多值依赖。

例如，学生（学号，同室学友学号，爱好），学号 $\rightarrow \rightarrow$ 同室学友学号不能成立。再例如，学生借书（学号，书号，日期），学号 $\rightarrow \rightarrow$ 书号也是不成立的，因为书号与日期有关。

【定义7】关系模式 R（U, F）$\in 1NF$，如果对于 R 的每个平凡的多值依赖 $X \rightarrow \rightarrow Y$，$X$ 都含有码，则称 R（U, F）$\rightarrow \rightarrow 4NF$。

根据定义，4NF 要求每一个非平凡的多值依赖 $X \rightarrow \rightarrow Y$，$X$ 含有关键字，所以 X 唯一决定 Y，即 $X \rightarrow Y$，$X \rightarrow \rightarrow Y$，变成了 $X \rightarrow Y$，所以 4NF 所允许的非平凡多值依赖实际上是函数依赖，换言之，4NF 不允许有非平凡且非函数依赖的多值依赖。

【例 6-8】讲课（课程名，教师，参考书）。

码：（课程名，教师，参考书）

有如下多值依赖。

课程名 $\rightarrow \rightarrow$ 教师，课程名 $\rightarrow \rightarrow$ 参考书

由于课程名不是码，所以该关系模式不属于 4NF。

将讲课（课程名，教师，参考书）进行如下分解。

讲课（课程名，教师）

课程（课程名，参考书）

由于关系模式讲课和课程只存在平凡的多值依赖，均不存在非平凡的多值依赖，所以均属 4NF。

六、第五范式

如果只考虑函数依赖，则 BCNF 是完美了；如果考虑多值依赖，则 4NF 是完美了。但事实上，数据依赖还有一种情况，即连接依赖。连接依赖涉及几个关系的连接运算。在个别情况下，几个表连接运算时会出现存储异常。在这种情况下，要求达到第五范式（5NF）的要求。到目前为止，5NF 是最高的范式，达到真正的完美。它是比 4NF 更高的要求。

【定义8】如果关系模式 R 中的每一个连接依赖均由 R 的候选码所隐含，则 $R \in 5NF$。

所谓 "R 中的每一个连接依赖均由 R 的候选码所隐含" 是指在连接时，所连接的属性均为候选码。看到定义，就知道是要消除连接依赖，并且必须保证数据完整。

设关系模式 *SPJ*（*SNO*，*PNO*，*JNO*），其中 *SNO* 表示供应者号，*PNO* 表示零件号，*JNO* 表示项目号。设有关系 *SPJ*，如果将 *SPJ* 模式分解为 *SP*、*PJ* 和 *JS*，并进行 *SP⋈ PJ* 及 *SP⋈ PJ ⋈ JS* 的自然连接，其操作数据及连接结果如表 6-5～表 6-10 所示（"⋈"符号为连接符）

表 6-5 *SPJ*（*SNO*，*PNO*，*JNO*）

SNO	PNO	JNO
S1	P1	J2
S1	P2	J1
S2	P1	J1
S1	P1	J1

表 6-6 *SP*（*SNO*，*PNO*）

SNO	PNO
S1	P1
S1	P2
S2	P1

表 6-7 *PJ*（*PNO*，*JNO*）

SNO	PNO
S1	P1
S1	P2
S2	P1

表 6-8 *JS*（*JNO*，*SNO*）

JNO	SNO
J2	S1
J1	S1
J2	S2

表 6-9 *SP ⋈ PJ⋈ JS*

SNO	PNO	JNO
S1	P1	J2
S1	P2	J1
S2	P1	J1
S1	P1	J1

表 6-10 *SP ⋈ P*

SNO	PNO	JNO
S1	P1	J2
S1	P1	J1
S1	P2	J2
S1	P2	J1
S2	P1	J2
S2	P1	J1

上例中，因为它仅有的候选码（*SNO*，*PNO*，*JNO*）肯定不是它的 3 个投影 *SP*、*PJ*、*JS* 自然连接的公共属性，所以 SPJ 不属于 5NF。

诚然，规范化程度过低的关系可能会存在插入异常、删除异常、修改复杂、数据冗余等问题，需要对其进行规范化，转换成高级范式。但这并不意味着规范化程度越高的关系模式就越好。在设计数据库模式结构时，必须对现实世界的实际情况和用户应用需求作进一步分析，确定一个合适的、能够反映现实世界的模式。这也就是说，上面的规范化步骤可以在其中任何一步终止。

七、关系模式的规范化

规范化的基本思想是逐步消除数据依赖中不合适的部分，使模式中的各关系模式达到某种程度的"分离"，即"一事一地"的模式设计原则，如图 6-1 所示。

通过对关系模式进行规范化，可以逐步消除数据依赖中不合适的部分，使关系模式达到更高的规范化程度。关系模式的规范化过程是通过对关系模式的分解来实现的，即把低一级的关系模式分解为若干个高一级的关系模式。

关系模式的规范化过程是通过模式分解来实现的，而这种分解并不是唯一的。下面就将进一步讨论分解后的关系模式与原关系模式的等价问题及分解算法。

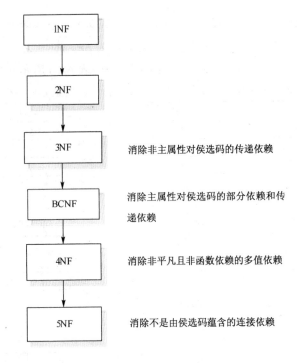

图 6-1　模式规范化

第四节　关系模式的分解算法

关系模式的规范化过程是通过对关系模式的分解来实现的，但是把低一级的关系模式分解为若干个高一级的关系模式的方法并不是唯一的。在这些分解方法中，只有能够保证分解后的关系模式与原关系模式等价的方法才有意义。

一、关系模式分解的算法基础

1974 年 W. W. Armstong 提出了一套有效而完备的公理系统——Armstrong 公理，该公理后来成为关系模式分解的算法基础。

1. 函数依赖的逻辑蕴涵

【定义 9】设有关系模式 R（U）及其函数依赖集 F，如果对于 R 的任一个满足 F 的关系 r 函数依赖 $X{\rightarrow}Y$ 都成立，则称 F 逻辑蕴涵 $X{\rightarrow}Y$，或称 $X{\rightarrow}Y$ 可以由 F 推出。

【例 6-9】关系模式 $R{=}(A, B, C)$，函数依赖集 $F{=}\{A{\rightarrow}B, B{\rightarrow}C\}$，$F$ 逻辑蕴涵 $A{\rightarrow}C$。

证：设 u，v 为 r 中任意两个元组。

若 $A{\rightarrow}C$ 不成立，则有 $u[A]{=}v[A]$，而 $u[C]{\neq}v[C]$

而且 $A{\rightarrow}B$，$B{\rightarrow}C$，知

$u[A]{=}v[A]$，$u[B]{=}v[B]$，$u[C]{=}v[C]$，

即若 $u[A]{=}v[A]$ 则 $u[C]{=}v[C]$，和假设矛盾。

故 F 逻辑蕴涵 $A{\rightarrow}C$。

满足 F 依赖集的所有元组都函数依赖 $X{\rightarrow}Y$（$X{\rightarrow}Y$ 不属于集 F），则称 F 逻辑蕴涵 $X{\rightarrow}Y$（$X{\rightarrow}Y$ 由 F 依赖集中所有依赖关系推断而出）。

2. Armstrong 公理

（1）定理：若 U 为关系模式 R 的属性全集，F 为 U 上的一组函数依赖，设 X、Y、Z、W 均为 R 的子集，对 $R(U,\ F)$ 有

F1（自反性），若 $X \geqslant Y$（表 X 包含 Y），则 $X \rightarrow Y$ 为 F 所蕴涵（F1'：$X \rightarrow X$）。

F2（增广性），若 $X \rightarrow Y$ 为 F 所蕴涵，则 $XZ \rightarrow YZ$ 为 F 所蕴涵（F2'：$XZ \rightarrow Y$）。

F3（传递性），若 $X \rightarrow Y$，$Y \rightarrow Z$ 为 F 所蕴涵，则 $X \rightarrow Z$ 为 F 所蕴涵。

F4（伪增性），若 $X \rightarrow Y$，$W \geqslant Z$（表 W 包含 Z）为 F 所蕴涵，则 $XW \rightarrow YZ$ 为 F 所蕴涵。

F5（伪传性），若 $X \rightarrow Y$，$YW \rightarrow Z$ 为 F 所蕴涵，则 $XW \rightarrow Z$ 为 F 所蕴涵。

F6（合成性），若 $X \rightarrow Y$，$X \rightarrow Z$ 为 F 所蕴涵，则 $X \rightarrow YZ$ 为 F 所蕴涵。

F7（分解性），若 $X \rightarrow Y$，$Z \leqslant Y$（表 Z 包含于 Y）为 F 所蕴涵，则 $X \rightarrow Z$ 为 F 所蕴涵。

函数依赖推理规则 F1～F7 都是正确的。

（2）Armstrong 公理：推理规则 F1、F2、F3 合称 Armstrong 公理；F4～F7 可由 F1、F2、F3 推得，是 Armstrong 公理的推论部分。

3. 函数依赖的闭包

【定义 10】若 F 为关系模式 R（U）的函数依赖集，我们把 F 以及所有被 F 逻辑蕴涵的函数依赖的集合称为 F 的闭包，记为 F+。

即 $F+=\{X \rightarrow Y | X \rightarrow Y \in F \vee$ "应用 Armstrong 公理从 F 中导出的任何 $X \rightarrow Y$" $\}$

（1）F 包含于 F+，如果 F=F+，则 F 为函数依赖的一个完备集。

（2）规定：若 X 为 U 的子集，$X \rightarrow \Phi$ 属于 F+。

【例 6-10】$R=ABC F=\{A \rightarrow B,\ B \rightarrow C\}$，求 F+

解：$F+=\{A \rightarrow \Phi,\ AB \rightarrow \Phi,\ AC \rightarrow \Phi,\ ABC \rightarrow \Phi,\ B \rightarrow \Phi,\ C \rightarrow \Phi,$

$\qquad A \rightarrow A,\ AB \rightarrow A,\ AC \rightarrow A,\ ABC \rightarrow A,\ B \rightarrow B,\ C \rightarrow C,$

$\qquad A \rightarrow B,\ AB \rightarrow B,\ AC \rightarrow B,\ ABC \rightarrow B,\ B \rightarrow C,$

$\qquad A \rightarrow C,\ AB \rightarrow C,\ AC \rightarrow C,\ ABC \rightarrow C,\ B \rightarrow BC,$

$\qquad A \rightarrow AB,\ AB \rightarrow AB,\ AC \rightarrow AB,\ ABC \rightarrow AB,\ BC \rightarrow \Phi,$

$\qquad A \rightarrow AC,\ AB \rightarrow AC,\ AC \rightarrow AC,\ ABC \rightarrow AC,\ BC \rightarrow B,$

$\qquad A \rightarrow BC,\ AB \rightarrow BC,\ AC \rightarrow BC,\ ABC \rightarrow BC,\ BC \rightarrow C,$

$\qquad A \rightarrow ABC,\ AB \rightarrow ABC,\ AC \rightarrow ABC,\ ABC \rightarrow A,\ BC \rightarrow BC\}$

4. 属性集闭包

【定义 11】若 F 为关系模式 R（U）的函数依赖集，X 是 U 的子集，则由 Armstrong 公理推导出的所有 $X \rightarrow A_i$ 所形成的属性集称为属性集闭包。

【算法 6-1】计算属性集 X（$X \subseteq U$）关于 U 上的函数依赖集 F 的闭包 XF+。

输入：有限的属性集合 U，它上面的函数依赖集 F 和 U 的一个子集 X。

输出：X 关于 F 的闭包 XF+。

方法：按如下规则计算属性序列 $X^{(0)}$，$X^{(1)} \cdots$。

（1）令 $X^{(i)}=X$，$i=0$；

（2）求 B，这里 $B=\{A | (\exists V)\ (\exists W)\ (V \rightarrow W \in F \wedge V \subseteq X(i) \wedge A \in W)\}$；

（3）$X^{(i+1)}=X^{(i)} \cup B$；

（4）判断 $X^{(i+1)}$ 是否等于 $X^{(i)}$；

（5）若否，则使用 $i+1$ 来取代 i，返回第二步；

（6）若相等，则 $XF+$ 就是 $X^{(i)}$，算法终止。

【例 6-11】已知关于模式 R（U，F），$U=\{A,B,C,D,E,G\}$，F 包括以下 8 个函数依赖。

$AB \to C$，$C \to A$，$BC \to D$，$ACD \to B$，$D \to EG$，$BE \to C$，$CG \to BD$，$CE \to AG$

计算（BD）$F+$。

步骤如下。

（1）设 $X=BD$，按算法 6.1，置 $X^{(0)}=BD$。

（2）求 B。逐一扫描 F 集合中找出左端是 $X^{(0)}$ 的子集的那些函数依赖，即找出左端是 B、D 或 BD 的函数依赖，只有一个，即 $D \to EG$。

（3）$X^{(1)}=X^{(0)} \cup B=BDEG$。

（4）$X^{(1)} \neq X^{(0)}$，所以再计算 $X^{(2)}$。

（5）在 F 集合中找出左端是 $X^{(1)}$ 的子集的那些函数依赖，有 $D \to EG$ 和 $BE \to C$，于是 $X^{(2)}=X^{(1)} \cup CEG=BCDEG$。

（6）$X^{(2)} \neq X^{(1)}$，所以再计算 $X^{(3)}$。

（7）在 F 集合中找出左端是 $X^{(2)}$ 的子集的那些函数依赖，除了上述两个函数依赖外，还有 $C \to A$、$BC \to D$、$CG \to BD$ 和 $CE \to AG$，于是 $X^{(3)}=X^{(2)} \cup ABCDEG=ABCDEG$。

（8）$X^{(3)} \neq X^{(2)}$，所以再计算 $X^{(4)}$。

（9）在 F 集合中找出左端是 $X^{(3)}$ 的子集的那些函数依赖，包含了题目中所有的函数依赖，显然 $X^{(4)}=X^{(3)} \cup ABCDEG=ABCDEG=U$。

（10）于是（BD）$F+=ABCDEG$。

【算法 6-2】的基本思路：根据 F 中的函数依赖，如果其左端在已经得到的 $X^{(i)}$ 中（第一次 $X^{(0)}=X$），则把此函数的右端并入 $X^{(i)}$，每一次按此法扩充，一直到不能再扩充为止。

5. 最小函数依赖集

【定义 12】如果函数依赖集 F 满足下列条件，则称 F 为最小函数依赖集或最小覆盖。

（1）F 中的任何一个函数依赖的右部仅含有一个属性；

（2）F 中不存在这样一个函数依赖 $X \to A$，使得 F 与 $F-\{X \to A\}$ 等价；

（3）F 中不存在这样一个函数依赖 $X \to A$，X 有真子集 Z 使得 $F-\{X \to A\} \cup \{Z \to A\}$ 与 F 等价。

最小函数依赖集的求法及步骤。

第一步，用分解的法则，使 F 中的任何一个函数依赖的右部仅含有一个属性；

第二步，去掉多余的函数依赖：从第一个函数依赖 $X \to Y$ 开始将其从 F 中去掉，然后在剩下的函数依赖中求 X 的闭包 X^+，看 $X+$ 是否包含 Y，若是，则去掉 $X \to Y$；否则不能去掉，依次做下去。直到找不到冗余的函数依赖；

第三步，去掉各依赖左部多余的属性。一个一个地检查函数依赖左部非单个属性的依赖。例如 $XY \to A$，若要判 Y 为多余的。则以 $X \to A$ 代替 $XY \to A$ 是否等价？若 A 属于 $X+$，则 Y 是多余属性，可以去掉。

经过如此处理直到再也没有可处理的函数依赖为止，最后得到的函数依赖集就是我们要构造的最小函数依赖集。从构造的过程可以知道，最后得到的这个函数依赖集是一个最小依赖集，而且它一定等价于原来的 F。因为我们对 F 的每一次"改造"都保证改造前后的两个函数依赖集等价。

这种证明过程也是寻找 F 的一个最小依赖集的过程。因此，可把它看做是求最小依赖集的一种方法。

显然，任何一个函数依赖集至少有一个最小依赖集。应当指出，按不同的函数依赖次序处理第二步、第三步，可能得到不同的结果。因此，一个函数依赖集 F 的最小依赖集可以有一个以上。

【例 6-12】 设 $F=\{A\rightarrow BC,\ B\rightarrow AC,\ C\rightarrow A\}$，对 F 进行极小化处理。

步骤如下所示。

第一步，根据分解规则把 F 中的函数依赖转换成右部都是单属性的函数依赖集合，分解后的函数依赖集仍用 F 表示。

$F=\{A\rightarrow B,\ A\rightarrow C,\ B\rightarrow A,\ B\rightarrow C,\ C\rightarrow A\}$

第二步，去掉 F 中冗余的函数依赖。

① 判断 $A\rightarrow B$ 是否是冗余的函数依赖。构造一个不包含 $A\rightarrow B$ 的函数依赖 $G1$。设 $G1=\{A\rightarrow C,\ B\rightarrow A,\ B\rightarrow C,\ C\rightarrow A\}$，得到 $A_{G1}+=AC$，因为 $B\notin A_{G1}+$，所以 $A\rightarrow B$ 不冗余。

② 判断 $A\rightarrow C$ 是否是冗余的函数依赖。构造一个不包含 $A\rightarrow C$ 的函数依赖 $G2$。设 $G2=\{A\rightarrow B,\ B\rightarrow A,\ B\rightarrow C,\ C\rightarrow A\}$，得到 $A_{G2}+=ABC$，因为 $C\in A_{G2}+$，所以 $A\rightarrow C$ 冗余。

③ 判断 $B\rightarrow A$ 是否是冗余的函数依赖。构造一个不包含 $B\rightarrow A$ 的函数依赖 $G3$。设 $G3=\{A\rightarrow B,\ B\rightarrow C,\ C\rightarrow A\}$，得到 $B_{G3}+=BCA$，因为 $A\in B_{G3}+$，所以 $B\rightarrow A$ 冗余。

④ 判断 $B\rightarrow C$ 是否是冗余的函数依赖。构造一个不包含 $B\rightarrow C$ 的函数依赖 $G4$。设 $G4=\{A\rightarrow B,\ C\rightarrow A\}$，得到 $B_{G4}+=B$，因为 $C\notin B_{G4}+$，所以 $B\rightarrow C$ 不冗余。

⑤ 判断 $C\rightarrow A$ 是否是冗余的函数依赖。构造一个不包含 $C\rightarrow A$ 的函数依赖 $G5$。设 $G5=\{A\rightarrow B,\ B\rightarrow C\}$，得到 $C_{G5}+=C$，因为 $A\notin C_{G5}+$，所以 $C\rightarrow A$ 不冗余。

⑥ 所以 F 的最小函数依赖集是 $\{A\rightarrow B,\ B\rightarrow C,\ C\rightarrow A\}$。

当然如果按不同的次序处理第②步中的函数依赖，可以得到不同的最小函数依赖集。所以一个函数依赖集 F 的最小依赖集可以有一个以上。

二、模式分解

我们已经举例说明过，在设计关系模式的时候，如果设计得不好可能带来很多问题。为了避免某些弊病的发生，从而得到性能较好的关系模式，有时需要把一个关系模式分解成几个关系模式。但这种分解要满足一定的要求。

【定义 13】 设有关系模式 R（U）和 R_1（U_1），R_2（U_2），…，R_k（U_k），其中 $U=\{A_1,\ A_2,\ \cdots,\ A_n\}$，$U_i\subseteq U$（$i=1,\ 2,\ \cdots,\ k$）且 $U=U_1YU_2Y\cdots YU_k$。令 $\rho=\{R_1$（U_1），R_2（U_2），…，R_k（U_k）\}，则称 ρ 为 R（U）的一个分解，也称为数据库模式，有时也称为模式集。用 ρ 代替 R（U）的过程称为关系模式的分解。

对一个关系模式可以有多种分解。比如，对 R（A，B，C）可以把它分解成 R_1（A），R_2（B，C），也可以把它分解成 R_1（A，B），R_2（B，C）。这两种都满足关系模式分解的定义。

对关系模式的分解，要考虑两个问题。第一个问题是，关系模式的分解使得相应的关系也被分解成几个关系，那么对它们再做自然连接后得到的关系和分解以前的关系是否具有相同的信息。对分解的一个基本要求是上述前者不能丢失后者的信息，这就引出了无损连接分解的概念。另一个问题是，关系模式的分解能不能保持原来函数依赖，从这里又引出函数依赖保持的概念。

1. 无损连接性

所谓无损连接性是指对关系模式进行分解时，原关系模式下的任一合法关系实例在分解之后，应能通过自然连接运算恢复起来。无损连接性有时也称为无损分解。

【定义 14】设 $\rho=\{R_1, R_2, \cdots R_k\}$ 是关系模式 $R(U, F)$ 的一个分解，如果对于 R 的任一满足 F 的关系 r 都有

$$r = \pi R1(r) \infty \pi R2(r) \infty \wedge \infty \pi Rk(r)$$

则称分解 ρ 满足函数依赖集 F 的无损连接性。

【算法 6-3】可以检验一个分解是否具有无损连接性(是否为无损分解)。

输入：关系模式 $R(A_1, A_2, \cdots, A_n)$；

R 上的函数依赖集 F；

R 上的分解 $\rho=\{R_1, R_2, \cdots, R_k\}$。

输出：ρ 是否具有无损连接性。

步骤如下。

（1）构造一个 K 行 n 列的表（或矩阵），第 i 行对应于分解后的关系模式 R_i，第 j 列对应于属性 A_j，见表 6-11。

表 6-11　构造判断矩阵

关系模式	A_1	A_2	...	A_j	...	A_n
R_1						
R_2						
...						
R_i		...		M_{ij}		
R_k						

表中各分量的值由下面的规则确定。

$$Mij \begin{cases} aj & Aj \in Rj \\ bij & Aj \notin Rj \end{cases}$$

（2）对 F 中的每个函数依赖进行反复检查和处理。具体处理为：取 F 中一个函数依赖 $X \to Y$，在 X 的分量中寻找相同的行，然后将这些行中的 Y 分量改为相同的符号，即如果其中之一为 a_j，则将之改为 a_j。若其中无 a_j，则用其中一个 b_{ij} 替换另一个符号（尽量把下标 ij 改成较小的数)，如两个符号分别为 b_{23} 和 b_{13}，则将它们统一改为 b_{13}。

（3）如此反复进行，直至 M 无可改变为止。如果发现某一行变成了 $a_1, a_2, \cdots a_n$，则 ρ 是否具有无损连接性；否则，ρ 不具有无损连接性 u

【例 6-13】设关系模式 $R(U, F)$，$U=\{A, B, C, D, E\}$，$F=\{AB \to C, C \to D, D \to E\}$，$R$ 的一个分解 $\rho=\{R_1(A, B, C), R_2(C, D), R_3(D, E)\}$，试判断 ρ 是否具有无损连接性。

解：

（1）首先构造初始表，见表 6-12（a）。

（2）按下列次序反复检查函数依赖和修改 M。

$AB \rightarrow C$，属性 A、B（第1、2列）中都没有相同的分量值，故 M 值不变。

$C \rightarrow D$，属性 C 中有相同值，故应改变 D 属性中的 M 值，$b14$ 改为 $a4$。

$D \rightarrow E$，属性 D 中有相同值，故应改变 E 属性中的 M 值，b_{15}、b_{25} 均改为 a_5。结果见表 6-12(b)。

（3）此时第一行已为 a_1，a_2，a_3，a_4，a_5，所以 ρ 具有无损连接性。

表 6-12 （a）分解的无损连接判断

	A	B	C	D	E
$R_1(A,\ B,\ C)$	a_1	a_2	a_3	b_{14}	b_{15}
$R_2(C,\ D)$	b_{21}	b_{22}	a_3	a_4	b_{25}
$R_3(D,\ E)$	b_{31}	b_{32}	b_{33}	a_4	a_5

表 6-12 （b）分解的无损连接判断

	A	B	C	D	E
$R_1(A,\ B,\ C)$	a_1	a_2	a_3	a_4	a_5
$R_2(C,\ D)$	b_{21}	b_{22}	a_3	a_4	a_5
$R_3(D,\ E)$	b_{31}	b_{32}	b_{33}	a_4	a_5

2. 函数依赖保持性

保持关系模式的一个分解是等价的另一个重要条件是关系模式的函数依赖集在分解后仍在数据库模式中保持不变，即关系模式 R 到 $\rho = \{R_1, R_2, \cdots, R_k\}$ 的分解，应被函数依赖集 F 在这些 Ri 上的投影所蕴涵，这就是函数依赖保持性问题。

【定义15】设有关系模式 R，F 是 R 的函数依赖集，Z 是 R 的一个属性集合，则 Z 所涉及的 F 中所有函数依赖为 F 在 Z 上的投影，记作 $\pi_z(F)$，有 $\pi_z(F) = \{X \rightarrow Y | X \rightarrow Y \in F+$，且 $XY \subseteq Z\}$。

【定义16】设 F 是关系模式的函数依赖集，$\rho = \{R_1(U_1, F_1), R_2(U_2, F_2), \cdots, R_k(U_k, F_k)\}$，为 R 的一个分解，如果 $F_i = \pi R_i(F)$ 的并集 $(F_1 Y F_2 Y \cdots Y F_k) = F$ $(i = 1, 2, \cdots, k)$，则称分解 ρ 具有函数依赖保持性。

一个无损连接的分解不一定具有依赖保持性；同样，一个依赖保持的分解也不一定具有无损连接性。检验分解是否具有依赖保持性，实际上是检验是否覆盖 F。

【例 6-14】有关系模式 $R(A, B, C, D)$，其函数依赖集 $F = \{A \rightarrow B, C \rightarrow D\}$，$\rho = \{R_1(AB), R_2(CD)\}$，求 R_1，R_2，并检验分解的无损连接性和分解的函数依赖保持性。

解：$F_1 = \pi R_1(F) = \{A \rightarrow B\}$

$F_2 = \pi R_2(F) = \{C \rightarrow D\}$

$R_1 = (AB, \{A \rightarrow B\})$

$R_2 = (CD, \{C \rightarrow D\})$

$U_1 I U_2 = AB I CD = \phi$

$U_1 - U_2 = AB$

$U_2 - U_1 = CD$

$\phi \rightarrow AB \notin F$

$\phi \rightarrow CD \notin F$

所以 ρ 不是无损分解。

$F_1 Y F_2 = \{A \rightarrow B, \ C \rightarrow D\} \equiv F$

所以 ρ 具有函数依赖保持性。

在实际数据库设计中，关系模式的分解主要有 2 种准则。

（1）只满足无损连接性。

（2）既满足无损连接性，又满足函数依赖保持性。

准则(2)比准则(1)理想，但分解时受到的限制更多。如果一个分解，只满足函数依赖保持性，不满足无损连接性，则是没有实用价值的。

习　题

一、名词解释

1．函数依赖

2．1NF

3．2NF

4．3NF

5．BCNF

二、填空题

1．关系数据库的规范化理论是数据库_____设计的一个有力工具。

2．$X \rightarrow Y$，则 X 称为_____因素，Y 称为_____因素。

3．_____是一个可用的关系模式应满足的最低范式。

三、单选题

1．（学号，姓名）→姓名，这是（　　　）。
    A．完全函数依赖　　　　　　　B．平凡函数依赖
    C．非平凡函数依赖　　　　　　D．传递函数依赖

2．（读者号，书号）→读者姓名（　　　）。
    A．完全函数依赖　　　　　　　B．部分函数依赖
    C．平凡函数依赖　　　　　　　D．传递函数依赖

3．现有关系：比赛（比赛日期，球队编号，球队名称，队长，比赛成绩）。假定一个球队一天只参加一场比赛，则候选码是（　　　）。
    A．球队编号
    B．球队编号，球队名称
    C．比赛日期，球队编号
    D．球队编号，比赛成绩

四、判断题

1．3NF 是函数依赖范围内能够达到的最彻底的分解。　　　　　　　　　（　　　）

2．函数依赖关系是属性间的一种一对一的关系。　　　　　　　　　　　（　　　）

3．如果 R 只有一个候选码，且 $R \in 3NF$，则 R 必属于 $BCNF$。　　　（　　　）

4．对于关系 R，如果候选码是单个属性，则 $R \in 2NF$。　　　　　　（　　　）

第七章　数据库设计

▷》【知识目标】

- 了解数据库设计的技术和方法；
- 掌握数据库设计步骤；
- 掌握数据库设计工作中各阶段的主要任务和所采取的技术措施；
- 重点掌握概念结构设计和逻辑结构设计。

▷》【能力目标】

- 能明确地表达出数据库设计的 6 个步骤；
- 能设计出概念结构模型，并能根据概念结构模型转换为关系模型；
- 能利用数据库设计步骤完成一个具体系统的数据库设计。

第一节　数据库设计概述

本节介绍数据库系统设计的基本内容，介绍数据库系统设计的基本方法和步骤，还介绍数据库系统设计的特点和应注意的问题。

一、数据库设计的内容

数据库系统设计的内容主要包括数据库的结构特性设计和数据库的行为特性设计。在数据库系统的设计过程中，数据库结构特性的设计起着关键作用，数据库的行为特性设计起着辅助作用。将数据库的结构特性设计和行为特性设计结合起来，相互参照，同步进行，才能较好地达到设计目标。

1. 结构特性设计

结构特性设计是指数据库模式或数据库结构设计，应该具有最小冗余的、能满足不同用户数据需求的、能实现数据共享的系统。数据库结构的特性是静态的，数据库结构设计完成后，一般不再变动，但由于客户需求变更的必然性，在设计时应考虑数据库变更的扩充余地，确保系统的成功。

数据库的结构特性设计的步骤是：将现实世界中的事物、事物间的联系用 E-R 图表示；将各个分 E-R 图汇总，得出数据库的概念结构模型，最后将概念结构模型转化为数据库的逻辑结构模型表示。

2. 行为特性设计

行为特性设计是指应用程序、事物处理的设计。用户通过应用程序访问和操作数据库，用户的行为和数据库结构紧密相关。

数据库行为特性的设计步骤是，首先要将现实世界中的数据及应用情况用数据流程图和数据字典表示出来，并详细描述其中的数据操作要求（即操作对象、方法、频度和实时性要求），进而得出系统的功能模块结构和数据库的子模式。

3. 数据库的物理模式设计

数据库的物理模式设计要求是根据库结构的动态特性（即数据库应用处理要求），在选定的 DBMS 环境下，把数据库的逻辑结构模型加以物理实现，从而得出数据库的存储模式和存取方法。

二、数据库设计的基本步骤

按照规范化设计的方法，考虑数据库及其应用系统开发的全过程，将数据库的设计分为以下 6 个设计阶段（表 7-1）。需求分析、概念结构设计、逻辑结构设计、数据库物理设计、数据库实施、数据库运行与维护。

表 7-1   数据库设计的 6 个阶段

阶段	任务
需求分析	综合各用户的应用要求
概念设计	形成概念模型
逻辑设计	建立数据模型，即完成数据库的模型和外模式
物理设计	得出数据库的内模式
实施	建立数据库，组织数据入库，编制与调试应用程序
运行和维护	性能监测，转储与恢复，数据库结构调整与修改

在数据库设计中，前两个阶段是面向用户的应用需求，面向具体的问题的。中间两个阶段是面向数据库管理系统的。最后两个阶段是面向具体的实现方法的。前 4 个阶段可统称为"分析和设计阶段"，后面 2 个阶段统称为"实现和运行阶段"。

在进行数据库设计之前，首先必须选择参加设计的人员。包括系统分析人员、数据库设计人员和程序员、用户和数据库管理员。系统分析人员和数据库设计人员是数据库设计的核心人员。他们将自始至终参加数据库的设计。他们的水平决定了数据库系统的质量。用户和数据库管理员在数据库设计中也是举足轻重的人物。他们主要参加需求分析和数据库的运行维护，他们的积极参与不但能加快数据库的设计，而且是决定数据库设计质量的重要因素。程序员则是在系统实施阶段参与进来，分别负责编写程序和配置软硬件环境。

如果所设计的数据库应用系统比较复杂。还应该考虑是否需要使用数据库设计工具和 CASE 工具以提高数据库设计质量；并减少设计工作量以及考虑选用何种工具。

第二节   系统需求分析

需求分析，简单地说就是分析用户的要求。需求分析是设计数据库的起点，需求分析的结果是否准确反映用户的实际需求，将直接影响到后面各个阶段的设计，并影响到设计结果是否合理和实用。

一、需求分析的任务

需求分析的任务是通过详细调查现实世界处理的对象（如组织、部门、企业等），充分了解原系统（手工系统或计算机系统）的工作概况，明确用户的各种需求，然后在此基础上确定新系统的功能。新系统必须充分考虑今后可能的扩充和改变，不能仅仅按当前应用需求来设计数据库，如图 7-1 所示。

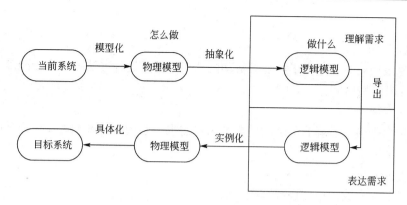

图 7-1　需求分析的任务

从图 7-1，我们可以知道需求分析的任务是，将当前系统模型化后变成物理模型，得出该系统是怎么做的。再将物理模型抽象化为逻辑模型，得出该当前系统是做什么的，这还只是处于理解需求阶段。再把理解需求阶段的逻辑模型导出为表达需求阶段的逻辑模型，再实例化为物理模型，最后再具体化为目标系统，得出该系统是做什么的。

需求分析调查的重点是"数据"和"处理"，通过调查、收集与分析，获得用户对数据库的如下要求。

（1）信息要求。指用户需要从数据库中获得信息的内容与性质。由用户的信息要求可以导出数据要求，即在数据库中需要存储哪些数据。

（2）处理要求。指用户要求完成什么处理功能，对处理的响应时间有什么要求，处理方式是批处理还是联机处理。

（3）系统要求。系统要求主要从以下 3 个方面考虑。

① 安全性要求：系统有几类用户使用，每一类用户的使用权限如何。

② 使用方式要求：用户的使用环境是什么，平均有多少用户同时使用，最高峰时有多少用户同时使用，有无查询相应的时间要求等。

③ 可扩充性要求：对未来功能、性能和应用访问的可扩充性的要求。

二、系统需求分析方法

进行需求分析首先要调查清楚用户的实际需求，与用户达成共识，然后分析与表达这些需求。

调查用户需求的具体步骤如下。

① 调查组织机构情况。包括了解该组织的部门组成情况、各部门的职责等，为分析信息流程准备。

② 调查各部门的业务活动情况。包括了解各个部门输入和使用什么数据，如何加工处理这些数据，输出什么信息，输出到什么部门，输出结果的格式是什么，这是调查的重点。

③ 在熟悉业务的基础上，协助用户明确对新系统的各种要求，包括信息要求、处理要求、完全性与完整性要求，这是调查的又一个重点。

④ 确定新系统的边界。对前面调查的结果进行初步分析，确定哪些功能由计算机完成或将来准备让计算机完成，哪些活动由人工完成。由计算机完成的功能就是新系统应该实现的功能。

在调查过程中，可以根据不同的问题和条件，使用不同的调查方法。常用的调查方法有以下几个。

（1）跟班作业

通过亲身参加业务工作来了解业务活动的情况。通过这种方法可以比较准确地了解用户的需求，但比较耗费时间。

（2）开调查会

通过与用户座谈来了解业务活动情况及用户需求。座谈时，参加者和用户之间可以相互启发。

（3）请专人介绍

请比较了解的专业人员做详细介绍。

（4）询问

对某些调查中的问题，可以找专人询问。

（5）问卷调查

设计调查表请用户填写。如果调查表设计得合理，这种方法是很有效的，也易于为用户所接受。

（6）查阅记录

查阅与原系统有关的数据记录。

需求调查的方法很多，常常综合使用各种方法。对用户对象的专业知识和业务过程了解得越详细，为数据库设计所做的准备就越充分，并且确信没有漏掉大的方面。设计人员应考虑将来对系统功能的扩充和改变，所以尽量把系统设计得易于修改。

在调查了解了用户的需求之后，还需要进一步分析和表达用户的需求。在众多的分析方法中结构化分析（Structured Analysis, SA）方法是一种简单实用的方法。SA方法从最上层的系统组织机构入手，采用自顶向下、逐层分解的方式分析系统，它把任何一个系统都抽象为如图7-2所示的形式。

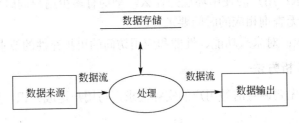

图 7-2　系统高层的抽象图

数据流图表达了数据和处理过程的关系。在 SA 方法中，处理过程的处理逻辑常常借助于判定表或判定树来描述。系统中的数据则借助于数据字典（Data Dictionay, DD）来描述。

对用户需求进行分析与表达后，必须提交给用户，征得用户的认可。

三、数据流图

（1）数据流图（DFD）的符号说明

————➤　　代表数据流，箭头表示数据流的方向。

⬭　　称为处理，代表数据的处理逻辑。

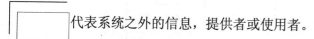

称为数据库存储文件，代表数据存储。

代表系统之外的信息，提供者或使用者。

数据流用带名字的箭头表示，名字表示流经的数据，箭头则表示流向。例如，"成绩单"数据流由学生名、课程名、学期、成绩等数据组成。

（2）加工

加工是对数据进行的操作或处理。加工包括两方面的内容：一是变换数据的组成，即改变数据结构；二是在原有的数据内容基础上增加新的内容，形成新的数据。例如，在学生学习成绩管理系统中，"选课"是一个加工，它把学生信息和开设的课程信息进行处理后生成学生的选课清单。

（3）文件

文件是数据暂时存储或永久保存的地方，如学生表、课程表。

（4）外部实体

外部实体是指独立子系统而存在的，但又和系统有联系的实体，它表示数据的外部来源和最后去向。确定系统与外部环境之间的界限，从而可确定系统的范围。

外部实体可以是某些人员、组织、系统或某种事物。例如，在学生学习成绩管理系统中，家长可以作为外部实体存在，因为家长不是该系统要研究的实体，但他可以查询本系统中有关学生的成绩。

构造 DFD 的目的是使系统分析人员与用户进行明确的交流，指导系统设计，并为下一阶段的工作打下基础。所以 DFD 既要简单，又要容易被理解。

构造 DFD 通常采用自顶向下、逐层分解，直到功能细化，形成若干层次。

如图 7-3 所示是学校图书管理系统的第一层数据流图，如图 7-4 所示是第二层数据流图（读者借阅，读者还书，读者查询，管理员查询，管理员修改），如图 7-5 所示是第三层数据流图中的读者借阅部分。其他部分大家可以自行去画。

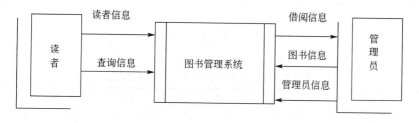

图 7-3　图书管理系统的第一层数据流图

四、数据字典

数据流图表达了数据和处理的关系，数据字典则是以特定格式记录下来的，对数据流图中各个基本要素（数据流、文件、加工等）的具体内容和特征所做的完整的对应和说明。

数据字典是对数据流图的注释和重要补充，它帮助系统分析人员全面确定用户的要求，并为以后的系统设计提供参考依据。数据字典中的基本符号和其含义见表 7-2。

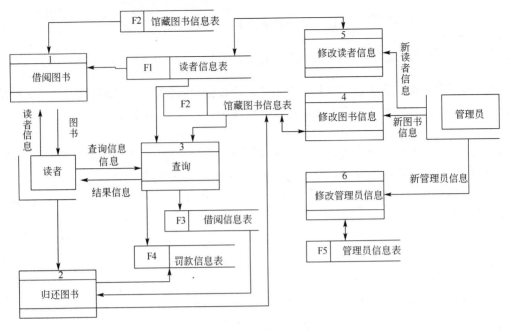

图 7-4　第二层数据流图

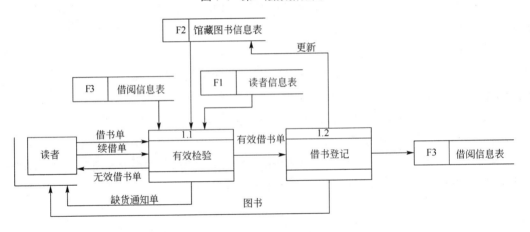

图 7-5　第三层数据流图（读者借阅）

表 7-2　数据字典中的基本符号及其含义

符号	含义	说明
=	表示定义为	用于对=左边的 9 条目 ReaID，ReaName，ReaSex，ReaNo， ReaLBID，ReaType，ReaDep，ReaGrade，ReaPref，ReaDate，进行确切的定义
+	表示与关系	$X=a+b$ 表示 X 由 a 和 b 共同构成
[] [,]	表示或关系	$X=[a\|b]$ 与 $X=[a,b]$ 等价，表示 X 由 a 或 b 组成
()	表示重复	大括号中的内容重复 0 到多次
m( )n	表示规定次数的重复	重复的次数最少 m 次，最多 n 次
" "	表示基本数据元素	" " 中的内容是基本数据元素，不可再分
..	连接符	Month=1..12 表示 month 可取 1～12 中的任意值
**	表示注释	两个星号之间的内容为注释信息

数据字典的内容包括数据项、数据结构、数据流、数据存储和处理过程 5 个部分。其中数据项是数据的最小组成单位，若干个数据项可以组成一个数据结构，数据字典通过对数据项和数据结构的定义来描述数据流。

（1）数据项

数据项是不可再分的数据单位。

数据项描述＝｛数据项名，数据项含义说明，别名，数据类型，长度，取值范围，取值含义，与其他数据项的逻辑关系，数据项之间的联系，其中取值范围与其他数据项的逻辑关系定义了数据的完整性约束条件。

（2）数据结构

数据结构反映了数据之间的组合关系。

数据结构描述＝｛数据结构名，含义说明，组成｛数据项或数据结构｝｝。

（3）数据流

数据流是数据结构在系统内传输的路径。

数据流描述＝｛数据流名，说明，数据流来源，数据流去向，组成｛数据结构｝，平均流量，高峰期流量｝。

说明：数据流来源是说明该数据流来自哪个过程。数据流去向是说明该数据流将到哪个过程。平均流量是指在单位时间（每天、每周、每月等）里的传输次数。高峰期流量则是指在高峰时期的数据流量。

（4）数据存储

数据存储是数据结构停留或保存的地方，也是数据流的来源和去向之一。

数据存储描述＝｛数据存储名，说明，编号，流入的数据流，流出的数据流，组成，数据结构数据量，存取方式｝。

说明：流入的数据流：指出数据来源。流出的数据流：指出数据去向。数据量：每次存取多少数据，每天（或每小时，每周等）存取几次等信息。存取方法：批处理/联机处理；检索/更新；顺序检索/随机检索。

（5）处理过程

处理过程的具体处理逻辑一般用判定表或判定树来描述。数据字典中只描述处理过程的说明性信息。

处理过程描述＝｛处理过程名，说明，输入｛数据流｝，输出｛数据流处理｛简要说明｝｝其中"简要说明"主要是说明该处理过程的功能及处理要求。

功能：说明该处理过程用来做什么。

处理要求：说明处理频度要求（如单位时间里处理多少事务、多少数据量），响应时间要求等，是后面物理设计的输入及性能评价的标准。

可见数据字典是关于数据库中数据的描述，即元数据，而不是数据本身。

数据字典是在需求分析阶段建立的，在数据库设计过程中不断地进行修改、充实和完善。

下面以图书管理系统数据流图中几个元素的定义加以说明。

（1）数据项名：图书名。

说明：图书的名称。

别名：书名。

数据类型：字符串型，20 个字符长度。

（2）数据结构名：读者信息。

别名：读者表。

描述：读者的基本信息。

组成：读者号，读者姓名，读者性别，读者编号，读者类型，读者系号，读者年级等。

（3）处理过程：借阅图书。

输入数据流：读者号、图书号、借书日期。

输出数据流：借阅信息表。

说明：把读者的借阅信息记录在数据库中。

（4）数据存储名：借阅信息表。

说明：用来记录读者的借阅情况。

组成：图书号，读者号，图书名称，图书作者，借入时间，归还时间。

流入的数据流：提供各项数据的显示，提取读者，图书的信息。

流出的数据流：对图书的借阅归还等情况。

第三节　概念结构设计

概念结构设计是将需求分析得到的用户需求抽象为信息结构即概念模型的过程，它是整个数据库设计的关键。

只有将需求分析阶段所得到的系统应用需求抽象为信息世界的结构，才能更好地、更准确地转化为机器世界中的数据模型，并用适当的 DBMS 实现这些需求。

概念结构的主要特点如下。

① 能真实、充分地反映现实世界，包括事物和事物之间的联系；能满足用户对数据的处理要求，是现实世界的一个真实模型。

② 易于理解，从而可以用它和不熟悉计算机的用户交换意见，用户的积极参与是数据库成功设计的关键。

③ 易于更改，当应用环境和应用要求改变时，容易对概念模型进行修改和扩充。

④ 易于向关系、网状、层次等各种数据模型转换。

概念模型是各种数据模型的共同基础，它比数据模型更独立于机器、更抽象，因而更加稳定。在众多的概念模型中，最著名、最简单实用的一种就是 E-R 图，它将现实世界的信息结构统一用属性、实体及实体间的联系来描述。

一、设计方法概述

概念结构设计的方法通常有 4 种。

（1）自顶向下。首先定义全局概念结构的框架，然后逐步细化。

（2）自底向上。首先定义各局部应用的概念结构，然后将它们集成起来，得到全局概念结构。

（3）逐步扩张。首先定义最重要的核心概念结构，然后向外扩充，以滚雪球的方式逐步生成其他概念结构，直至总体概念结构。

（4）混合策略。将自顶向下和自底向上的方法相结合，用自顶向下策略设计一个全局概念结构的框架，以它为框架集成由自底向上策略中设计的各局部概念结构。

其中最常采用的策略是混合策略，即自顶向下进行需求分析，然后再自底向上设计概念结构。

二、设计步骤

按照图 7-6 所示的自顶向下需求分析与自底向上概念结构设计的方法，概念结构的设计可分为两步。

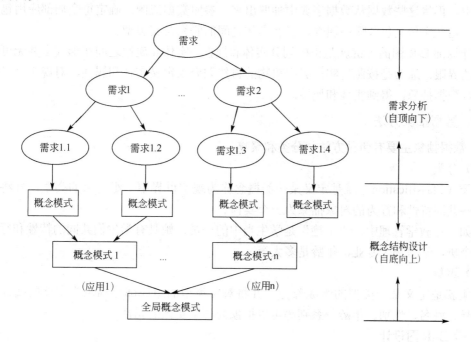

图 7-6　自顶向下需求分析设计与自底向上概念结构设计

第一步，进行数据抽象，设计局部 E-R 图。
第二步，集成各局部 E-R 图，形成全局 E-R 图，其步骤如图 7-7 所示。

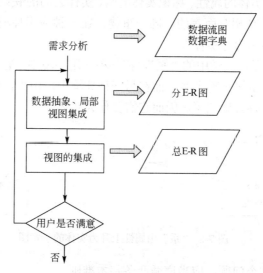

图 7-7　概念结构设计步骤

三、实体与属性划分的原则

在系统需求分析阶段，最后得到了多层的数据流图、数据字典和系统分析报告。建立局部 E-R 图，就是根据系统的具体情况，在多层的数据流图中选择一个适当层次的数据流图，作为设计分 E-R 图的出发点，让这组图中的每一部分对应一个局部应用。在前面选好的某一层次的数据流图中，每个局部应用都对应了一组数据流图，局部应用所涉及的数据存储在数据字典中。再将这些数据从数据字典中抽取出来，参照数据流图，确定每个局部应用包含哪些实体，这些实体又包含哪些属性，以及实体之间的联系及其类型。

设计局部 E-R 图的关键就是正确划分实体和属性。实体和属性之间在形式上并无可以明显区分的界限，通常是按照现实世界中事物的自然划分来定义实体和属性，对现实世界中的事物进行数据抽象，得到实体和属性。

四、数据抽象方法

1. 数据抽象主要有两种方法：分类和聚集

（1）分类

分类（Classification）就是定义某一类概念作为现实世界中一组对象的类型，并将一组具有某些共同特性和行为的对象抽象为一个实体。

例如，在教学管理中，"王艳"是学生当中的一员，她具有学生们共同的特性和行为，即在哪个班，学习哪个专业，年龄是多大等。

（2）聚集

聚集就是定义某一类型的组成部分，并将对象类型的组成部分抽象为实体的属性。例如，学号、姓名、性别、年龄、系别等可以抽象为学生实体的属性。

2. 分 E-R 图设计

设计分 E-R 图首先需要根据系统的具体情况，在多层的数据流图中选择一个适当层次的数据流图，让这组图中的每一部分对应一个局部应用，然后以这一层次的数据流图为出发点，设计分 E-R 图。将各局部应用涉及的数据分别从数据字典中抽取出来，参照数据流图，确定各局部应用中的实体、实体的属性、标识实体的码、实体之间的联系及其类型(1:1, 1:n, m:n)。

实际上实体和属性是相对而言的。同一事物，在一种应用环境中作为"属性"，在另一种应用环境中就有可能作为"实体"。

例如，如图 7-8 所示，大学中的"系"，在某种应用环境中，它只是作为"学生"实体的一个属性，表明一个学生属于哪个系。而在另一种环境中，由于需要考虑一个系的系主任、教师人数、学生人数、办公地点等，因而它需要作为实体。

图 7-8 "系"由属性上升为实体的示意图

因此，为了解决这个问题，应当遵循两条基本准则。

① 属性不能再具有需要描述的性质，即属性必须是不可分的数据项，不能再由另一些

属性组成。

② 属性不能与其他实体具有联系。联系只发生在实体之间。

符合上述两条特性的事物一般作为属性对待。为了简化 E-R 图的处理，现实世界中的事物凡能够作为属性对待的，应尽量作为属性。

【例 7-1】设有一个学籍管理系统，有如下实体。

学生：学号、姓名、出生年月。

性别：性别。

班级：班级号、学生人数。

班主任：职工号、姓名、性别。

宿舍：宿舍编号、地址、人数。

上述实体中存在如下联系。

① 1 位班主任管理 1 个班级。

② 1 个班级有很多学生组成，不同的班级在不同的教室上课。

③ 一间宿舍最多只能住一种性别的学生。

根据上述约定，可以得到学籍管理局部应用的分 E-R 图，如图 7-9 所示。

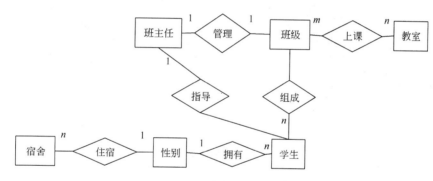

图 7-9　学籍管理局部应用的分 E-R 图

【例 7-2】设有一个课程管理分 E-R 图，有如下实体。

学生：姓名、学号、性别、年龄、所在系、年级、平均成绩。

课程：课程号、课程名、学分。

教师：职工号、姓名、性别、职称。

教科书：书号、书名、价格。

教室：教室编号、地址、容量。

上述实体中存在如下约束：1 个教室只能开设 1 门课程；1 门课程可以被多个学生选修，1 个学生可以选修多门课程，每次选修都有成绩；1 门课程可以被多位教师教授，1 门课程只有 1 本教科书。

根据上述约定，可以得到课程管理局部应用的分 E-R 图，如图 7-10 所示。

3. 全局 E-R 图设计

各个分 E-R 图建立好后，还需要对它们进行合并，集成为一个整体的概念数据结构即全局 E-R 图。分 E-R 图的集成有两种方法。

（1）多元集成法

多元集成法也叫做一次集成，一次性将多个分 E-R 图合并为一个全局 E-R 图，如图 7-11（a）所示。

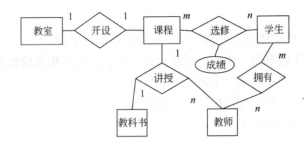

图 7-10 学籍管理局部应用的分 E-R 图

（2）二元集成法

二元集成法也叫做逐步集成，首先集成两个重要的分 E-R 图，然后用累加的方法逐步将一个新的 E-R 图集成进来，如图 7-11（b）所示。

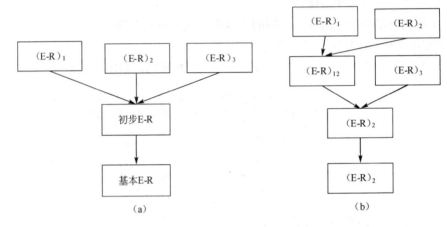

图 7-11 局部 E-R 图集成的方法

在实际应用中，可以根据系统复杂性选择这两种方案。如果局部图比较简单，可以采用一次集成法。在一般情况下，采用逐步集成法，即每次只综合两个图，这样可降低难度。无论使用哪一种方法，E-R 图集成均分为如下两个步骤。

① 合并，消除各分 E-R 图之间的冲突，生成初步 E-R 图。

② 优化，消除不必要的冗余，生成基本 E-R 图。

五、各分 E-R 图之间的冲突及解决办法

1. 合并分 E–R 图，生成初步 E–R 图

这个步骤将所有的分 E-R 图综合成全局概念结构。全局概念结构不仅要支持所有的局部 E-R 模型，而且必须合理地表示一个完整、一致的数据库概念结构。

由于各个局部应用所面向的问题不同，并且通常由不同的设计人员进行分 E-R 图设计，因此，各分 E-R 图不可避免地会有许多不一致的地方，通常把这种现象称为冲突。

因此当合并分 E-R 图时并不是简单地将各个分 E-R 图画到一起，而是必须消除各个分 E-R 图中的不一致，使合并后的全局概念结构不仅支持所有的局部 E-R 模型，而且必须是一个能为全系统中所有用户共同理解和接受的统一的概念模型。合并分 E-R 图的关键就是合理消除各个分 E-R 图中的冲突。

E-R 图中的冲突有 3 种：属性冲突、命名冲突和结构冲突。

（1）属性冲突

属性冲突又分为属性值域冲突和属性的取值单位冲突。

① 属性值域冲突。即属性值的类型、取值范围或取值集合不同。例如，学生的学号，通常用数字表示，这样有些部门就将其定义为数值型，而有些部门则将其定义为字符型。

② 属性的取值单位冲突。比如零件的质量，有的以千克为单位，有的以斤为单位，有的则以克为单位。

属性冲突属于用户业务上的约定，必须与用户协商后解决。

（2）命名冲突

命名不一致可能发生在实体名、属性名或联系名之间，其中属性的命名冲突最为常见。一般表现为同名异义或异名同义。

① 同名异义，即同一名字的对象在不同的局部应用中具有不同的意义。例如，"单位"在某些部门表示为人员所在的部门，而在某些部门可能表示物品的质量、长度等属性。

② 异名同义，即同一意义的对象在不同的局部应用中具有不同的名称。例如，对于"房间"这个名称，在教务管理部门中对应教室，而在后勤管理部门中对应学生宿舍。

命名冲突的解决方法同属性冲突的相同，需要与各部门协商、讨论后加以解决。

（3）结构冲突

① 同一对象在不同应用中有不同的抽象，可能为实体，也可能为属性。例如，教师的职称在某一局部应用中被当成实体，而在另一局部应用中被当做属性。

解决方法：就是使同一对象在不同应用中具有相同的抽象，或把实体转换为属性，或把属性转换为实体。

② 同一实体在不同局部应用中的属性组成不同，可能是属性个数或属性的排列次序不同。

解决方法：合并后的实体的属性组成为各分 E-R 图中的同名实体属性的并集，然后再适当调整属性的排列次序。

③ 实体之间的联系在不同局部应用中呈现不同的类型。例如，局部应用 X 中 E1 与 E2 可能是一对一联系，而在另一局部应用 Y 中可能是一对多或多对多联系，也可能是在 E1、E2、E3 三者之间有联系。

解决方法：根据应用语义对实体联系的类型进行综合或调整。

下面以例 7-1 和例 7-2 中已画出的两个分 E-R 图为例，来说明如何消除各分 E-R 图之间的冲突，并进行局部 E-R 模型的合并，从而生成初步 E-R 图。

两个分 E-R 图存在如下冲突。

① 班主任实际上也属教师。将教师和班主任统一为教师，教师的属性构成为职工号、姓名、性别、职称、是否为班主任。

② 将班主任改为教师后，则教师与学生之间的联系在两个图中呈现两种不同类型，将教师和学生之间的联系统一为教学联系。

③ 性别在两个图中有不同的抽象，将性别统一为实体处理。

④ 两个图中学生的属性不同，学生的属性统一为学号、姓名、出生年月、年龄、所在系、年级、平均成绩。

2. 消除不必要的冗余，生成基本 E-R 图

在初步的 E-R 图中，可能存在冗余的数据和冗余的实体之间的联系。冗余的数据是指可由基本数据导出的数据，冗余的联系是指由其他联系导出的联系。冗余数据的存在容易破坏数据库的完整性，给数据库的维护增加困难，应该消除。当然，不是所有的冗余数据和冗余联系都必须加以消除，有时为了提高某些应用的效率，不得不以冗余信息作为代价。设计数据库概念模型时，哪些冗余信息必须消除，哪些冗余信息允许存在，需要根据用户的整体需求来确定。把消除了冗余的初步 E-R 图称为基本 E-R 图。

通常采用分析的方法消除冗余。数据字典是分析冗余数据的依据，还可以通过数据流图分析出冗余联系。

如在图 7-9 和图 7-10 所示的初步 E-R 图中，两个分 E-R 图存在如下冗余数据和冗余联系。

① 年龄可由出生年月推算，将年龄属性去掉。

② 教室与班级之间的上课联系可以由教室与课程之间的开设联系、课程与学生之间的选修联系、学生与班级之间的组成联系三者推导出来，因此可将教室和班级之间的上课联系消去。

③ 平均成绩可以从选修联系中的成绩中计算出来，因此可将平均成绩去掉。

这样，图 7-9 和图 7-10 的初步 E-R 图在消除冗余数据和冗余联系后，便可得到基本的 E-R 模型，如图 7-12 所示。

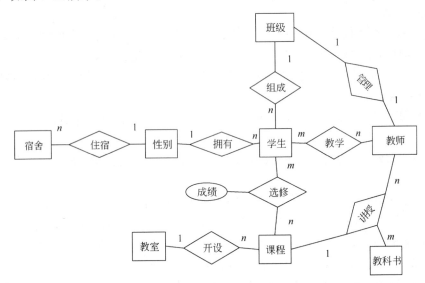

图 7-12　学生管理子系统基本 E-R 图

最终得到的基本 E-R 模型是企业的概念模型，它代表了用户的数据要求，是沟通"要求"和"设计"的桥梁，它决定数据库的总体逻辑结构，是成功创建数据库的关键。如果设计不好，就不能充分发挥数据库的功能，无法满足用户的处理要求。

因此，用户和数据库人员必须对这一模型反复讨论，在用户确认这一模型已正确无误地反映了他们的要求之后，才能进入下一阶段的设计工作。

第四节　逻辑结构设计

概念结构设计阶段得到的 E-R 图是用户的模型，E-R 图独立于任何一种数据模型，独立于任何一个具体的 DBMS。为了创建用户所要求的数据库，需要把上述概念模型转换为某个具体的 DBMS 所支持的数据模型。数据库逻辑设计的过程是将概念结构转换成特定 DBMS 所支持的数据模型的过程。从此开始便进入了"实现设计"阶段，需要考虑到具体的 DBMS 的性能，具体的数据模型特点。

E-R 图所表示的概念模型可以转换成任何一种具体的 DBMS 所支持的数据模型，如网状模型、层次模型和关系模型。这里只讨论关系数据库的逻辑设计问题，所以只介绍 E-R 图如何向关系模型进行转换，如图 7-13 所示。

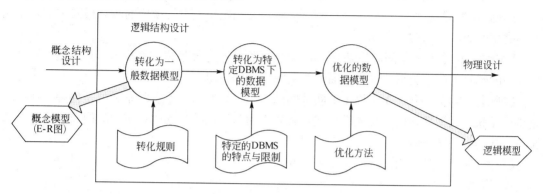

图 7-13 逻辑结构设计任务

一般的逻辑设计分为以下 3 步（图 7-14）。

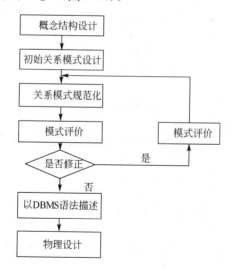

图 7-14 关系数据库的逻辑设计

第一步，初始关系模式设计。

第二步，关系模式规范化。

第三步，模式的评价与改进。

一、基本 E-R 图转换为关系模型的基本方法

1. 转换原则

概念设计中得到的 E-R 图是由实体、属性和联系组成的，而关系数据库逻辑设计的结果

是一组关系模式的集合。所以将 E-R 图转换为关系模型实际上就是将实体、属性和联系转换成关系模式。在转换中要遵循以下规则。

【规则 7-1】实体类型的转换：将每个实体类型转换成一个关系模式，实体的属性即为关系的属性，实体的码即为关系模式的码。

【规则 7-2】联系类型的转换：根据不同的联系类型做不同的处理。

【规则 7-2-1】若实体间联系是 1∶1，可以将联系类型转换成独立的一个关系模式，或者在任意一个关系模式中加入另一个关系模式的码和联系的属性。

【规则 7-2-2】若实体间的联系是 1∶n，则在 n 端实体类型转换成的关系模式中加入 1 端实体类型的码和联系类型的属性。

【规则 7-2-3】若实体间联系是 $m∶n$，则将联系类型也转换成关系模式，其属性为两端实体类型的码加上联系类型的属性，而码为两端实体码的组合。

【规则 7-2-4】3 个或 3 个以上的实体间的一个多元联系，不管联系类型是何种方法，总是将多元联系类型转换成一个关系模式，其属性为与该联系相连的各实体的码及联系本身的属性，其码为各实体码的组合。

【规则 7-2-5】具有相同码的关系可合并。

2. 实例

【例 7-3】将图 7-15 中含有 1∶1 联系的 E-R 图根据上述规则转换为关系模式。

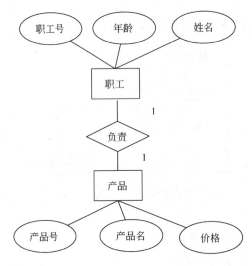

图 7-15　二元 1∶1 联系转换为关系模式的实例

该例包含两个实体，实体间存在着 1∶1 的联系，根据【规则 7-1】和【规则 7-2-1】可转换为如下关系模式（带下画线的属性为码）。

方案一："负责"与"职工"两关系模式合并，转换后的关系模式如下所示。

职工（<u>职工号</u>，姓名，年龄，产品号）

产品（<u>产品号</u>，产品名，价格）

方案二："负责"与"产品"两关系模式合并，转换后的关系模式如下所示。

职工（<u>职工号</u>，姓名，年龄）

产品（<u>产品号</u>，产品名，价格，职工号）

将上面两个方案进行比较，方案一中，由于并不是每个职工都负责产品，就会造成产品号属性的 NULL 值较多，所以方案二比较合理一些。

【例 7-4】将图 7-16 中含有 1：n 联系的 E-R 图根据上述规则转换为关系模式。

该例包含两个实体，实体间存在着 1：n 的联系，根据【规则 7-1】和【规则 7-2-2】可转换为如下关系模式（带下画线的属性为码）。

仓库（<u>仓库号</u>，地点，面积）

产品（<u>产品号</u>，产品名，价格，仓库号，数量）

【例 7-5】将图 7-17 中含有同实体集 1：n 联系的 E-R 图根据上述规则转换为关系模式。

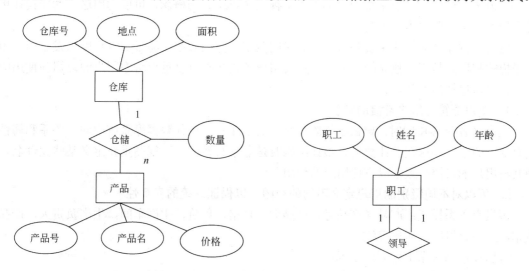

图 7-16　二元 1：n 联系转换为关系模式的实例　　图 7-17　实体集内部 1：n 联系转换为关系模式的实例

【例 7-6】将图 7-18 中 f 含有 m：n 联系的 E-R 图根据规则转换为关系模式。

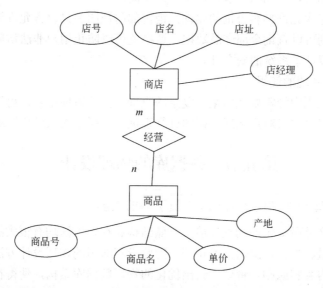

图 7-18　二元 m：n 联系转换为关系模式实例

分析：该例包含两个实体，实体间存在着 m 的联系根据【规则 7-1】和【规则 7-2-3】可转换为如下关系模式（带下画线的属性为码）。

商店（<u>店号</u>，店名，店址，店经理）

商品（<u>商品号</u>，商品名，单价，产地）

经营（<u>店号，商品号</u>，月销量）

二、用户子模式的设计

将概念模型转换为全局逻辑模型后，还应根据局部应用的需求，结合具体 DBMS 的特点，设计用户的子模式。

目前关系数据库管理系统一般都提供了视图（View）的概念，可以利用这一功能设计更符合局部用户需要的用户子模式。

定义数据库全局模式主要是从系统的时间效率、空间效率、易维护等角度出发。由于用户子模式与模式是相对独立的，因此在定义用户子模式时可以重点考虑用户的习惯与使用的方便，具体包括如下几点。

1. 使用更符合用户习惯的别名

在合并各分 E-R 图时，曾做了消除命名冲突的工作，以使数据库系统中同一关系和属性具有唯一的名字，这在设计数据库整体结构时是非常必要的。用视图重新定义某些属性名，使其与用户的习惯一致，以方便用户的使用。

2. 可以对不同级别的用户定义不同的视图，以保证系统的安全性

假设有关系模式：产品（产品号，产品名，规格，单价，生产车间，生产负责人，产品成本，产品合格率，质量等级）。

可以在产品关系上建立两个视图。

（1）为一般顾客建立视图：产品顾客（产品号，产品名，规格，单价）。

（2）为产品销售部门建立视图：

产品销售（产品号，产品名，规格，单价，车间，生产负责人）。

顾客视图中只包含允许顾客查询的属性，销售部门视图中只包含允许销售部门查询的属性，生产领导部门则可以查询全部产品数据。这样就可以防止用户非法访问本来不允许他们查询的数据，从而保证了系统的安全性。

3. 简化用户对系统的使用

如果某些局部应用中经常要使用某些复杂的查询，为了方便用户，可以将这些复杂的查询定义为视图，用户每次只对定义好的视图进行查询，这样就大大简化了用户的使用。

第五节　数据库的物理设计

一、设计数据库物理结构要求设计人员了解的内容

不同的数据库产品所提供的物理环境、存储结构和存取方法均有很大的差别，提供设计人员使用的设计变量、参数范围也大不相同，因此没有通用的物理设计方法可遵循，这里只能给出一般的设计内容和原则。希望设计出优化的物理数据库结构，使得在数据库上运行的各种事务响应时间短、存储空间利用率高、吞吐率大。为此首先要对运行的事务进行详细分析，以获得选择物理数据库设计所需要的参数。其次，要充分了解所用的 DBMS 的内部特征，特别是系统提供的存储结构和存取方法。

对于数据库查询事务，需要得到如下信息。

① 查询的关系。

② 查询条件所涉及的属性。

③ 连接条件所涉及的属性。

④ 查询的投影属性。

对于数据更新事务，需要得到如下信息。

① 被更新的关系。

② 每个关系上的更新操作条件所涉及的属性。

③ 修改操作要改变的属性值。

另外，还需要知道每个事务在各关系上运行的频率和性能要求。例如，事务 T 必须在 10 秒内结束，这对于存取方法的选择具有重大影响。

可以根据上述信息来确定关系的存取方法。

应注意的是，数据库上运行的事务会不断变化、增加或减少，以后需要根据上述设计信息的变化调整数据库的物理结构。

通常对关系数据库物理设计的内容主要包括如下方面。

（1）为关系模式选择存取方法。

（2）设计关系、索引等数据库文件的物理存储结构。

二、设计数据库物理结构的步骤

确定数据库的物理结构主要是指确定数据的存放位置和存储结构，包括确定关系、索引、聚簇、日志、备份等的存储安排和存储结构；确定系统配置等。

确定数据的存放位置和存储结构要综合考虑存取时间、存储空间利用率和维护代价 3 方面的因素。这 3 个方面常常相互矛盾，因此在实际应用中，需要进行全方位的权衡，选择一个折中的方案。

1. 确定数据的存放位置

为了提高系统性能.应该根据实际应用情况将数据库中数据的易变部分和稳定部分、常存取部分和存取频率较低部分分开存放。有多个磁盘的计算机，可以采用下面几种存取位置的分配方案。

（1）将表和该表的索引放在不同的磁盘上，在查询时，由于两个磁盘驱动器并行操作，提高了物理 I/O 读/写的效率。

（2）将比较大的表分别放在两个磁盘上，以加快存取速度，这在多用户环境下特别有效。

（3）将日志文件与数据库的对象（表、索引等）分别放在不同的磁盘上，以改进系统的性能。

（4）对于经常存取或存取时间要求高的对象（如表、索引）应放在高速存储器（如硬盘）上。对于存取频率小或存取时间要求低的对象（如数据库的数据备份和日志文件备份等，只在故障恢复时才使用），如果数据值很大，可以存放在低速存储设备上。

2. 确定系统配置

DBMS 产品一般都提供了一些系统配置变量、存储参数，以供设计人员和 DBA 对数据库进行物理优化。在初始情况下，系统都为这些变量赋予了合理的默认值。这些初始值并不一定适合每种应用环境，在进行物理设计时，需要重新对这些变量赋值，以改善系统的性能。

系统配置变量很多，例如，同时使用数据库的用户数，同时打开数据库的对象数，内存分配参数。缓冲区分配参数（使用的缓冲区长度、个数），存储分配参数，物理块的大小，物理块装填因子，时间片大小，数据库的大小，锁的数目等。这些参数值会影响存取时间和存储空间的分配，因此在进行物理设计时就要根据应用环境来确定这些参数值，以使系统性能最佳。

三、评价数据库的物理结构

在数据库的物理设计过程中需要对时间效率、空间效率、维护代价和各种用户要求进行权衡，设计出多个方案，数据库设计人员必须对这些方案进行详细的分析和评价，从中选择出一个较优的方案作为数据库的物理结构。

评价物理结构设计完全依赖于所选用的 DBMS，主要是从定量估算各种方案的存储空间、存取时间和维护代价入手，对估算结果进行权衡、比较，进而选择出一个较优的合理的物理结构。如果该结构不符合用户需求，则需要修改设计。

第六节　数据库的实施和维护

一、数据库实施的主要工作

完成数据库的物理设计后，设计人员就要用关系数据库管理系统提供的数据定义语言和其他实用程序将数据库逻辑设计和物理设计的结果严格地描述出来，成为 DBMS 可以接受的代码，再经过调试产生目标模式，然后就可以组织数据入库了，这就是数据库实施阶段。

数据库实施阶段包括两项重要的工作：一项是数据载入；另一项是应用程序的编码和调试。

二、数据的载入

一般数据库系统的数据量都很大，而且数据来源于部门中的各个不同的单位，数据的组织方式、结构和格式都与新设计的数据库系统有相当的差距。组织数据载入就是将各类源数据从各个局部应用中抽取出来，输入计算机，再分类转换，最后综合成新设计的数据库结构的形式，输入数据库。所以这样的数据转换、组织入库的工作是相当费力费时的工作。

由于各个不同的应用环境差异很大，不可能有通用的转换器，DBMS 产品也不提供通用的转换工具。为提高数据输入工作的效率和质量，应该针对具体的应用环境设计一个数据录入子系统，由计算机来完成数据入库的任务。

由于要入库的数据在原来系统中的格式结构与新系统中的不完全一样，有的差别可能比较大，不仅向计算机输入数据时发生错误，而且在转换过程中也有可能出错。因此在源数据入库前要采用多种方法对它们进行检查，以防止不正确的数据入库，这部分的工作在整个数据输入子系统中是非常重要的。

数据库应用程序的设计应该与数据库设计同时进行，因此在组织数据入库的同时还要调试应用程序。应用程序的设计、编码和调试的方法、步骤在程序设计语言中有详细讲解，这里就不赘述了。

三、数据库的试运行

在部分数据输入到数据库后，就可以开始对数据库系统进行联合调试，这称为数据库试运行。

这一阶段要实际运行数据库应用程序，执行对数据库的各种操作，测试应用程序的功能是否满足设计要求。如果不满足，则要对应用程序部分进行修改、调整，直到达到设计要求为止。

在数据库试运行时，还要测试系统的性能指标，分析其是否达到了设计目标。在对数据库进行物理设计时已初步确定了系统的物理参数值，但在一般的情况下，设计时的考虑在许多方面只是近似估计，和实际系统运行总有一定的差距，因此必须在试运行阶段实际测试和评价系统性能指标。事实上，有些参数的最佳值往往是经过运行调试后找到的。如果测试的结果与设计的目标不符，则要返回物理设计阶段，重新调整物理结构，修改系统参数，某些情况下甚至要返回逻辑设计阶段，修改逻辑结构。

特别强调以下两点。

第一、由于数据入库的工作量实在太大，费时又费力，如果试运行后还要修改物理结构甚至逻辑结构，会导致数据重新入库。因此应分期分批地组织数据入库，先输入小批量数据供调试用，待试运行基本合格后，再大批量输入数据，逐步增加数据量，逐步完成运行评价。

第二、在数据库试运行阶段，由于系统还不稳定。硬、软件故障随时都可能发生，并且系统的操作人员对新系统还不熟悉，误操作也不可避免。因此必须首先调试运行 DBMS 的恢复功能。做好数据库的转储和恢复工作。一旦故障发生，能使数据库尽快恢复，尽量减少对数据库的破坏。

四、数据库的运行与恢复

数据库试运行合格后，数据库开发工作就基本完成了。即可正式投入运行了。但是，由于应用环境在不断变化，在数据库运行过程中物理存储也会不断变化，对数据库设计进行评价、调整、修改等维护工作是一项长期的任务，也是设计工作的继续和提高。

在数据库运行阶段，对数据库经常性的维护工作主要是由 DBA 完成的，它包括以下几方面。

1. 数据库的转储和恢复

数据库的转储和恢复是系统正式运行后最重要的维护工作之一。DBA 要针对不同的应用要求制定不同的转储计划，以保证一旦发生故障能尽快将数据库恢复到某种一致的状态，并尽可能减少对数据库的破坏。

2. 数据库的安全性、完整性控制

在数据库运行过程中，由于应用环境的变化，对安全性的要求也会发生变化。比如有的数据原来是机密的。现在可以公开查询了，而新加入的数据又可能是机密的。系统中用户的级别也会改变。这些都需要 DBA 根据实际情况修改原有的安全性控制。同样，数据库的完整性约束条件也会变化，也需要 DBA 不断修改，以满足用户的要求。

3. 数据库性能的监督、分析和改进

在数据库运行过程中，监督系统运行，分析监测数据，找出改进系统性能的方法是 DBA 的又一重要任务。DBA 应仔细分析这些数据，判断当前系统运行状况是否最佳，应当做哪些改进。例如，调整系统物理参数，或对数据库的运行状况进行使组织或重构造等。在 SQL Server 2005 中，主要涉及性能的工具有两个 SQL Server Profiler 和数据库引擎优化顾问。SQL Server Profiler 的中文意思是 SQL Server 事件探查，就是一个 SQL 的监视工具，可以具体到

每一行 SQL 语句，每一次操作，和每一次的连接。下面我们简单地介绍下使用方法。

单击"开始"→"程序"→Microsoft SQL Server 2005→"性能工具"→SQL Server Profiler，如图 7-19 所示。

然后会出现如图 7-20 所示的界面。

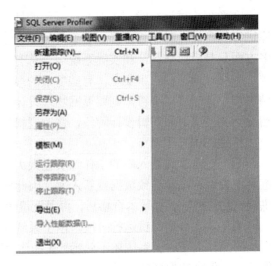

图 7-19　SQL Server 2005 工具　　　　　　图 7-20　SQL Server Profiler 界面

单击"文件"→"新建跟踪（N）"，这是一个多窗口多任务的工具，我们可以同时新建不同的跟踪窗口，也可以是不同的数据库，如图 7-21 所示。

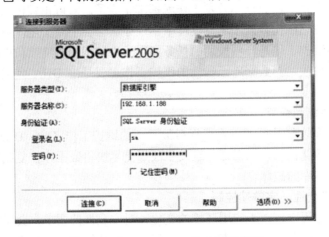

图 7-21　SQL Server Profiler 连接界面

在这里我们输入我们的跟踪的数据库的服务器名称，用户名和密码等信息。单击【连接】按钮进入下一个界面，如图 7-22 所示。

上图中【常规】选项卡可以进行一个基本设置，使用的模板选择，和文件的保存选择等。我们一般使用默认的就可以了，不用动上面的东西。【事件】选项卡是事件选择，也就是说我们要跟踪的事件有哪些，在这里可以一一的选择，基本上 SQL 上有的事件都有，包括用 SQL Server Management Studio 操作数据库的过程都可以跟踪的到。只要单击显示所有事件就可以进行全部事件的选择。此外还可以对统计的字段进行筛选，单击任意一个列标题可以查看列的说明如图 7-23 所示。

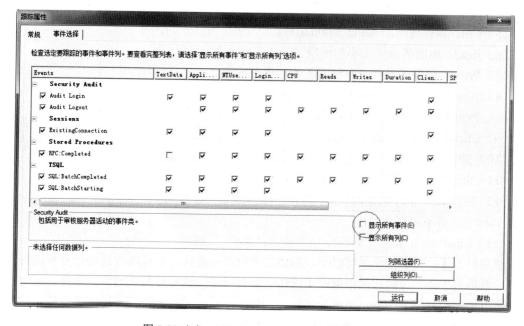

图 7-22（a） SQL Server Profiler 跟踪属性设置

图 7-22（b） SQL Server Profiler 跟踪属性设置

（1）TextDate 依赖于跟踪中捕获的事件类的文本值。

（2）ApplicationName 创建 SQL Server 连接的客户端应用程序的名称。此列由该应用程序传递的值填充，而不是由所显示的程序名填充的。

（3）NTusername Windows 用户名。

（4）LoginName 用户的登录名（SQL Server 安全登录或 Windows 登录凭据，格式为

"域\用户名"）。

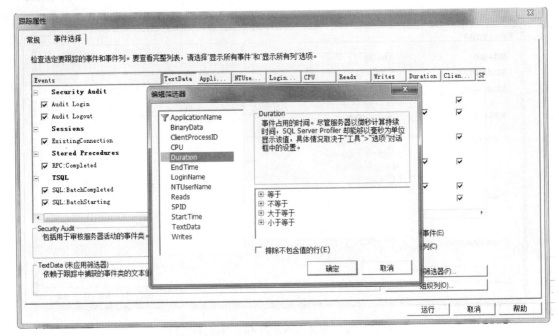

图 7-23　编辑筛选器属性界面

（5）CPU 事件使用的 CPU 时间(毫秒)。

（6）Reads 由服务器代表事件读取逻辑磁盘的次数。

（7）Writes 由服务器代表事件写入物理磁盘的次数。

（8）Duration 事件占用的时间。尽管服务器以微秒计算持续时间，SQL Server Profiler 却能够以毫秒为单位显示该值，具体情况取决于【工具】→【选项】对话框中的设置。

（9）ClientProcessID 调用 SQL Server 的应用程序的进程 ID。

（10）SPID SQL Server 为客户端的相关进程分配的服务器进程 ID。

（11）StratTime 事件（如果可用）的启动时间。

（12）EndTime 事件结束的时间。对指示事件开始的事件类（例如 SQL：BatchStarting 或 SP：Starting）将不填充此列。

（13）BinaryData 依赖于跟踪中捕获的事件类的二进制值。

然后单击【运行】按钮就可以了，当然如果有兴趣的话，也可以对列进行重新排列和筛选，只要单击下面相应的按钮根据提示操作就要可以了，这里按默认的设置进行。

通过上面的介绍我们就可以清楚的跟踪到每一步操作是过程了。不仅仅是这样，我们还可以对其中的数据进行分析，查询，跟踪可以暂停，开始和停止操作，可以同时启动多个跟踪，同时跟踪不同的数据库和表。

如果和 SQL 的数据库引擎优化顾问配合使用的话就更好了，可以分析出 SQL 语句性能如果，而且还会提示怎么修改会更好。

4. 数据库的重组织与重构造

数据库运行一段时间后，由于记录不断增、删、改，会使数据库的物理存储情况变坏，降低了数据的存取效率，使数据库的性能下降，这时 DBA 就要对数据进行重组织，或部分重组织（只对频繁增、删的表进行重组织）。DBMS 一般都提供数据重组织用的实用程序。在重组织的过程中，按原设计要求重新安排存储位置、回收垃圾、减少指针链等，以提高系统的性能。

　　数据库的重组织并不修改原设计的逻辑结构和物理结构，而数据库的重构造则不同，它是指部分修改数据库的模式和内模式。

习　题

一、选择题

1. 在关系数据库设计中，设计 E-R 图是（　　）的任务。
　　A. 需求分析阶段　　　　　　　　B. 概念设计阶段
　　C. 逻辑设计阶段　　　　　　　　D. 物理结构设计阶段
2. 在关系数据库设计中，设计关系模式是（　　）的任务。
　　A. 需求分析阶段　　　　　　　　B. 概念设计阶段
　　C. 逻辑设计阶段　　　　　　　　D. 物理结构设计阶段
3. 下面关于 E-R 模型向关系模型转换的叙述中，不正确的是（　　）。
　　A. 一个实体类型转换为一个关系模式
　　B. 一个 1∶1 联系可以换换位一个独立的关系模式，也可以与联系的任意一端实体所对应的关系模式合并
　　C. 一个 1∶n 联系可以转换为一个独立的关系模式，也可以与联系的任意一端实体所对应的关系模式合并
　　D. 一个 m∶n 联系转换为一个关系模式
4. 从 E-R 模型关系向关系模型转换时，一个 M∶N 联系转换为关系模式时，该关系模式的码是（　　）。
　　A. M 端实体的码　　　　　　　　B. N 端实体的码
　　C. M 端实体码和 N 端实体码的组合　D. 重新选取其他属性

二、简答题

　　数据库的设计过程包括几个主要阶段？哪些阶段独立于数据库管理系统？哪些阶段依赖于数据库管理系统？

三、综合题

　　请设计一个连锁商店数据库，保存商店的信息，包括商店编号、商店名称、电话。保存商品的信息，包括商品编号、商品名称、价格。保存员工的信息，包括工号、姓名、年龄、性别、住址。同时要保存每种商品在每家商店的销售数量。其中一种商品可以销售多种商品，一种商品也可以在不同的连锁商店销售，一名员工只能在一家商店工作。要求：给出该数据库的 E-R 图，再将其转换为关系模型。同时标明关系模式的候选码和外码。

第八章　数据库保护

【知识目标】

- 掌握数据库常用的安全措施;
- 熟悉 SQL Server 的安全体系结构;
- 掌握数据库的完整性及其实现方法;
- 熟悉事务及常用的并发控制方法;
- 了解数据库的恢复技术。

【能力目标】

- 能够熟练操作 SQL Server 的权限设置;
- 能够实现 SQL Server 的数据完整性;
- 能够简单使用伪代码对事务进行并发控制;
- 能够进行数据库备份和恢复。

第一节　数据库的安全性

数据库在各种信息系统中得到广泛的应用,数据在信息系统中的价值越来越重要,数据库的安全与保护成为一个越来越值得关注的问题。

数据库系统中的数据由 DBMS 统一管理与控制,为了保证数据库中数据的安全、完整和正确有效,要求对数据库实施保护,使其免受某些因素对其中数据造成的破坏。

为了保护数据库,防止恶意的滥用,可以从低到高的 5 个级别上设置各种安全措施。数据库安全必须在以下几个层次上采取措施。

① 物理层;
② 人员层;
③ 网络层;
④ 操作系统;
⑤ 数据库系统层。

需要说明的是,本书的重点是基于数据库的原理及其应用情况针对数据库系统层来介绍数据库的安全性机制。

一、数据库的安全措施

1. 数据库安全

数据库的安全性是指在信息系统的不同层次保护数据库,防止未授权的数据访问,避免数据的泄漏、不合法的修改或对数据的破坏。安全性问题不是数据库系统所独有的,它来自各个方面,其中既有数据库本身的安全机制如用户认证、存取权限、视图隔离、跟踪与审查、数据加密、数据完整性控制、数据访问的并发控制、数据库的备份和恢复等方面,也涉及计算机硬件系统、计算机网络系统、操作系统、组件、Web 服务、客户端应用程序、网络浏览器等。

一般说来，对数据库的破坏来自以下 4 个方面。

（1）非法用户

非法用户是指那些未经授权而恶意访问、修改甚至破坏数据库的用户，包括超越权限访问数据库的用户。非法用户对数据库的危害是相当严重的。

（2）非法数据

非法数据是指那些不符合规定或语义要求的数据，一般由用户的误操作引起。

（3）各种故障

各种故障指的是各种硬件故障（如磁盘介质）、系统软件与应用软件的错误、用户的失误等。

（4）多用户的并发访问

数据库是共享资源，允许多个用户并发访问，由此会出现多个用户同时存取同一个数据的情况。如果对这种并发访问不加控制，各个用户就可能存取到不正确的数据，从而破坏数据库的一致性。

针对以上 4 种对数据库破坏的可能情况，数据库管理系统（DBMS）采取了相应措施对数据库实施保护，具体如下所示。

① 利用权限机制，只允许有合法权限的用户存取所允许的数据。

② 利用完整性约束，防止非法数据进入数据库。

③ 提供故障恢复（Recovery）能力，以保证各种故障发生后，能将数据库中的数据从错误状态恢复到一致状态。

④ 提供并发控制（Concurrent Control）机制，控制多个用户对同一数据的并发操作，以保证多个用户并发访问的顺利进行。

数据库系统安全保护措施是否有效是数据库系统优秀的主要指标之一。

2. 数据库的安全标准

目前，国际上及我国均颁布有数据库安全的等级标准。最早的标准是美国国防部（DOD）于 1985 年颁布的《可信计算机系统评估标准》（Computer System Evaluation Criteria，TCSEC）。1991 年美国国家计算机安全中心（NCSC）颁布了《可信计算机系统评估标准关于可信数据库系统的解释》（Trusted Database Interpretation，TDI），将 TCSEC 扩展到数据库管理系统。1996 年国际标准化组织（ISO）又颁布了《信息技术安全技术——信息技术安全性评估准则》（Information Technology Security Techniques——Evaluation Criteria For It Security）。我国政府于 1999 年颁布了《计算机信息系统评估准则》。

目前国际上广泛采用的是美国标准 TCSEC（TDI），在此标准中将数据库安全划分为 4 大类，由低到高依次为 D、C、B、A。其中 C 级由低到高分为 C1 和 C2，B 级由低到高分为 B1、B2 和 B3。每级都包括其下级的所有特性，各级指标如下。

① D 级标准：为无安全保护的系统。

② C1 级标准：只提供非常初级的自主安全保护。能实现对用户和数据的分离，进行自主存取控制（DAC），保护或限制用户权限的传播。

③ C2 级标准：提供受控的存取保护，即将 C1 级的 DAC 进一步细化，以个人身份注册负责，并实施审计和资源隔离。很多商业产品已得到该级别的认证。

④ B1 级标准：标记安全保护。对数据库系统的数据加以标记，并对标记的主体和客体实施强制存取控制（MAC）以及审计等安全机制。一个数据库系统凡符合 B1 级标准者称为安全数据库系统或可信数据库系统。

⑤ B2 级标准：结构化保护。建立形式化的安全策略模型并对数据库系统内的所有主体和客体实施 DAC 和 MAC。

⑥ B3 级标准：安全域。满足访问监控器的要求，审计跟踪能力更强，并提供数据库系统的恢复过程。

⑦ A 级标准：验证设计，即提供 B3 级保护的同时给出数据库系统的形式化设计说明和验证，以确信各种安全保护真正实现。

我国国家标准的基本结构与 TCSEC 相似。我国标准分为 5 级，从第 1 级到第 5 级依次与 TCSEC 标准的 C 级（C1、C2）及 B 级（B1、B2、B3）一致。

3. 数据库的安全性机制

在一般数据库系统中，安全措施是一级一级逐层设置的，如图 8-1 所示。

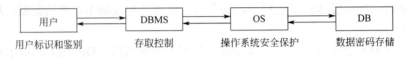

图 8-1　数据库的安全性机制

在图 8-1 的安全模型中，用户进入计算机系统时，系统首先根据输入的用户标识进行用户身份鉴定，数据库系统不允许一个未经授权的用户对数据库进行操作，只有合法的用户才准许进入计算机系统。对已经进入系统的用户，DBMS 要进行存取控制，只允许用户执行合法操作，操作系统一级也会有自己的保护措施，数据最后还会以密码形式存储在数据库中。

用户标识与鉴别，即用户认证，是系统提供的最外层安全保护措施。其方法是由系统提供一定的方式让用户标识自己的名字或身份，每次用户要求进入系统时，由系统进行核对，用户只有通过鉴定后才能获得机器使用权。对于获得使用权的用户若要使用数据库时，数据库管理系统还要进行用户标识和鉴定。

用户标识和鉴定的方法有很多种，而且在一个系统中往往是多种方法并用的，以得到更强的安全性。常用的方法是用户名和口令。

通过用户名和口令来鉴定用户的方法简单易行，但其可靠程度极差，容易被他人猜到或测出。因此，设置口令法对安全强度要求比较高的系统并不适用。近年来，一些更加有效的身份认证技术迅速发展起来。例如使用某种计算机过程和函数、智能卡技术，物理特征（指纹、声音、手图、虹膜等）认证技术等具有高强度的身份认证技术日益成熟，并取得了不少应用成果，为将来达到更高的安全强度要求打下了坚实的基础。

二、存取控制

DBMS 的存取控制机制是数据安全的一个重要保证，它确保具有数据库使用权的用户访问数据库，即保证用户只能存取该用户有权限存取的数据。也就是说确保只授权给有资格的用户访问数据库的权限，同时令所有未被授权的人员无法接近数据，这主要通过数据库系统的存取控制机制来实现的。存取控制是数据库系统内部对已经进入系统的用户的访问进行控制，是安全数据保护的前沿屏障，是数据库安全系统中的核心技术，也是最有效的安全手段。

在存取控制技术中，DBMS 所管理的全体实体分为主体和客体两类。主体（Subject）是系统中的活动实体,包括DBMS所管理的实际用户,也包括代表用户的各种进程。客体(Object)是存储信息的被动实体，是受主体操作的，包括文件、基本表、索引和视图等数据库对象。

数据库存取控制机制包括两个部分。

① 定义用户权限，称为授权，即规定各个用户的数据操作的权限。授权可以采用数据控制语言 DCL 或者 DBMS 的可视化操作工具来进行授权。授权必须由具有授权资格的用户来进行，如超级用户或者数据库拥有者等，具有授权资格的用户也可以使其他用户拥有授权资格。

② 权限检查，每当用户发出存取数据库的操作请求后，DBMS 查找数据字典，根据用户权限进行合法权检查，若用户的操作请求超出了定义的权限，系统将拒绝执行此操作。

存取控制机制按主动与被动分可以分为两类，即自主型存取控制（DAC）和强制型存取控制（MAC）两种类型。

（1）自主存取控制

自主型存取控制（Discretionary Access Control，DAC）是用户访问数据库的一种常用的安全控制方法，较为适合于单机方式下的安全控制，大型数据库管理系统几乎都支持自主存取控制。在自主型存取控制中，用户对于不同的数据对象有不同的存取权限，不同的用户对同一对象也有不同的权限，而且用户还可将其拥有的存取权限转授给其他用户。用户权限由数据对象和操作类型这两个因素决定。定义一个用户的存取权限就是要定义这个用户可以在哪些数据对象上进行哪些类型的操作。在数据库系统中，定义存取权限称为授权。

自主型存取控制的安全控制机制是一种存取矩阵的模型，此模型由主体、客体与存/取操作构成，矩阵的列表示主体，矩阵的行表示客体，而矩阵中的元素表示存/取操作（如读、写、修改和删除等），见表 8-1。

表 8-1　授权存/取矩阵模型

客体 ＼ 主体	主体 1	主体 2	……	主体 n
客体 1	write	delete	……	update
客体 2	delete	read	……	Write/read
……	……	……	……	……
客体 m	update	read	……	update

在这种存取控制模型中，系统根据对用户的授权构成授权存取矩阵，每个用户对每个信息资源对象都要给定某个级别的存取权限，例如读、写等。当用户申请以某种方式存取某个资源时，系统就根据用户的请求与系统授权存取矩阵进行匹配比较，通过则允许满足该用户的请求，提供可靠的数据存取方式，否则，拒绝该用户的访问请求。

目前的 SQL 标准也对自主存取控制提供支持，主要是通过 SQL 的 GRANT 语句和 REVOKE 语句来实现权限的授予和收回，这部分内容将在下节详细介绍。

自主存取控制能够通过授权机制有效地控制其他用户对敏感数据的存取，但是由于用户对数据的存取权限是"自主"的，有权限的用户可以自由地决定将数据的存取权限授予别的用户，而无需系统的确认。这样，系统的授权存取矩阵就可以被直接或间接地进行修改，可能导致数据的"无意泄漏"，给数据库系统造成不安全。要解决这一问题，就需要对系统控制下的所有主体、客体实施强制型存取控制策略。

（2）强制存取控制

所谓强制存取控制（MAC）是指系统为保证更高程度的安全性，按照 TCSEC 标准中安全策略的要求，采取强制存取检查手段。强制存取控制较为适用于网络环境，对网络中的数据库安全实体作统一的、强制性的访问管理。

强制存取控制策略主要通过对主体和客体的已分配的安全属性进行匹配判断，决定主体是否有权对客体进行进一步的访问操作。对于主体和客体，DBMS 为它们的每个实例指派一个敏感度标记。敏感度标记被分成若干级别，例如绝密、机密、可信、公开等。主体的敏感度标记称为许可证级别，客体的敏感度标记称为密级。在强制存取控制下，每一个数据对象被标以一定的密级，每一个用户也被授予某一个级别的许可证。对于任意一个对象，只有具有合法许可证的用户才可以存取。而且，该授权状态在一般情况下不能被改变，这是强制型存取控制模型与自主型存取控制模型实质性的区别。一般用户或程序不能修改系统安全授权状态，只有特定的系统权限管理员才可以，而且要根据系统实际的需要来有效地修改系统的授权状态，以保证数据库系统的安全性能。

强制存取控制策略是基于以下两个规则。

① 仅当主体的许可证级别大于或等于客体的密级时，主体对客体具有读权限。

② 仅当客体的密级大于或等于主体的许可证级别时，主体对客体具有写权限。

这两种规则的共同点在于它们均禁止了拥有高许可证级别的主体更新低密级的数据对象，从而防止了敏感数据的泄漏。

强制安全存取控制模型的不足之处是它可能给用户使用自己的数据带来诸多不便，原因是这些限制过于严格，但是对于任何一个严肃的安全系统而言，强制安全存取控制是必要的，它可以避免和防止大多数有意无意对数据库的侵害。

由于较高安全性级别提供的安全保护要包含较低级别的所有保护，因此在实现强制存取控制时要首先实现自主存取控制，即自主存取控制与强制存取控制共同构成了 DBMS 的安全机制。系统首先进行自主存取控制检查，对通过检查的允许存取的主体与客体再由系统进行强制存取控制的检查，只有通过检查的数据对象方可存取。

（3）存取权限

存取权限由两个要素组成：数据对象和操作类型。即每个用户能对哪些数据进行操作和进行什么样的操作，见表 8-2。

表 8-2　存取权限

类型	数据对象	操作类型
关系模式	外模式	建立、修改、检索
	模式	建立、修改、检索
	内模式	建立、修改、检索
数据	表	查找、插入、修改、删除
	属性	查找、插入、修改、删除

（4）授权粒度

衡量授权机制是否灵活的一个重要指标是授权粒度的大小（即可以定义的数据对象的范围）。粒度越小，即可以定义的数据对象的范围越小，授权系统就越灵活，但系统定义和检查权限的开销也越大。

三、其他数据库安全性手段

除了前面所介绍的数据库安全性手段外，还有其他一些方法可以保护数据的安全。常用的有以下几种。

（1）定义视图

在关系数据库系统中，可为不同的用户定义不同的视图，通过视图机制把要保密的数据对无权存取这些数据的用户隐藏起来，从而自动地对数据提供一定程度的安全保护。但是，视图机制最主要的功能是保证应用程序的数据独立性，其安全保护功能太不精细，远不能达到实际应用的要求。在一个实际的数据库应用系统中，通常是视图机制与授权机制配合使用，首先用视图机制屏蔽掉一些保密数据，然后在视图上再进一步定义其存取权限。

（2）数据加密

数据加密防止数据库中的数据在存储和传输中失密的有效手段。具体方法是：采用加密算法把原文变为密文来实现，常用的加密算法有"替换方法"和"明键加密法（公开密钥算法）"。

（3）审计

审计是指将所有用户的所有操作内容和操作时间记录在一个专门的数据库（称为审计日志）中。这样一旦发生非法存取，就可以利用审计来找出非法存取数据的人、时间、操作内容等信息。

前面所介绍的数据库安全性保护措施都是正面的预防性措施，可防止非法用户进入DBMS并从数据库系统中窃取或破坏保密的数据。而跟踪审查则是一种事后监视的安全性保护措施，它跟踪数据库的访问活动，以发现数据库的非法访问，达到安全防范的目的。DBMS的跟踪程序可对某些保密数据进行跟踪监测，并记录有关这些数据的访问活动。当发现潜在的窃密活动（如重复的、相似的查询等）时，一些有自动警报功能的DBMS就会发出警报信息；对于没有自动报警功能的DBMS，也可根据这些跟踪记录信息进行事后分析和调查。跟踪审查的结果记录在一个特殊的文件上，这个文件称为跟踪审查记录。跟踪审查记录一般包括下列内容：操作类型（例如修改、查询等）、操作终端标识与操作者标识、操作日期和时间、所涉及的数据、数据的前像和后像。

四、SQL Server 的安全体系结构

SQL Server 的安全体系结构也是一级一级逐层设置的。如果一个用户要访问 SQL Server 数据库中的数据，必须经过四个认证过程，如图 8-2 所示。

第一个认证过程，Windows 操作系统的安全防线。这个认证过程是 Windows 操作系统的认证。

第二个认证过程，SQL Server 运行的安全防线。这个认证过程是身份验证，需通过登录账户来标识用户，身份验证只验证用户是否具有连接到 SQL Server 数据库服务器的资格。

第三个认证过程，SQL Server 数据库的安全防线。这个认证过程是当用户访问数据库时，必须具有对具体数据库的访问权，即验证用户是否是数据库的合法用户。

第四个认证过程，SQL Server 数据库对象的安全防线。这个认证过程是当用户操作数据库中的数据对象时，必须具有相应的操作权，即验证用户是否具有操作权限。

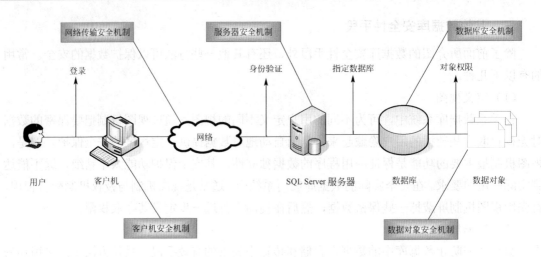

图 8-2　SQL Server 的安全体系结构

五、SQL Server 的安全认证模式

1. SQL Server 的身份验证

SQL Server 的身份验证模式是指 SQL Server 确认用户的方式。认证方法是用来确认登录 SQL Server 的用户的登录账号和密码的正确性，由此来验证其是否具有连接 SQL Server 的权限。SQL Server 提供了两种确认用户的认证模式：Windows 验证模式和 SQL Server 验证模式。如图 8-3 所示为这两种方式登录 SQL Server 服务器的情形。

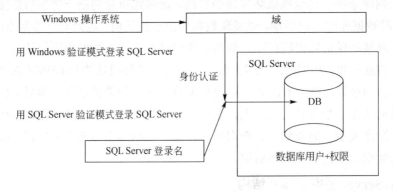

图 8-3　SQL Server 的安全认证模式

（1）Windows 验证模式

用户登录 Windows 时进行身份验证，登录 SQL Server 时就不再进行身份验证。以下是对于 Windows 验证模式登录的几点重要说明。

① 必须提前将 Windows 账户加入到 SQL Server 中作为 SQL Server 的登录用户才能采用 Windows 账户登录 SQL Server。

② 如果使用 Windows 账户登录到另一个网络的 SQL Server，必须在 Windows 中设置彼此的托管权限。

（2）SQL Server 验证模式

在 SQL Server 验证模式下，SQL Server 服务器要对登录的用户进行身份验证，默认的用户名为"sa"，密码可以在安装 SQL Server 时设定。

当 SQL Server 在 Windows 上运行时，系统管理员设定登录验证模式的类型为 Windows 验证模式和混合模式。当采用混合模式时，SQL Server 系统既允许使用 Windows 登录名登录，也允许使用 SQL Server 登录名登录。

这两种验证模式有以下区别。

Windows 身份验证模式是指 SQL Server 服务器通过 Windows 身份验证连接到 SQL Server，它允许一个用户登录到服务器上时不必再提供一个单独的登录账号和口令，只需要拥有 Windows 的管理员权限即可。

混合验证模式是指用户可以使用 SQL Server 身份验证或 Windows 身份验证连接到 SQL Server。说明：本章所有案例的实现环境是 Windows XP 下的 SQL Server 2005。

修改身份验证模式的方法：打开管理器，用 Windows 方式连接进入数据库，右击数据服务器，在弹出的快捷菜单中选择"属性"，在"服务器身份验证"下选择"SQL Server 和 Windows 身份验证模式"，"登录审核"选"失败和成功的登录"确定。具体步骤如下面的图 8-4、图 8-5 和图 8-6 所示。

图 8-4　选择服务器属性

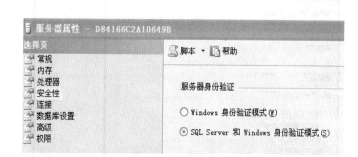

图 8-5　选择服务器的身份验证模式（混合模式）

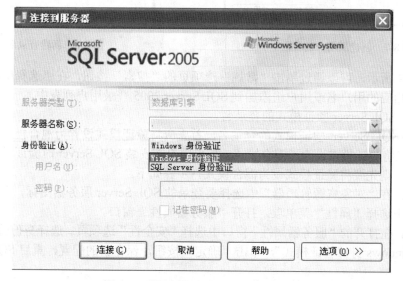

图 8-6　登录 SQL Server 时的身份验证

2.　创建 SQL Server 的登录用户（第二层：SQL Server 运行的安全防线）

创建 SQL Server 的登录用户有两种方法：可视化的方式和命令的方式。

（1）可视化方式

①　建立 Windows 验证模式的登录名。

第一步，创建 Windows 的用户。

以管理员身份登录 Windows XP，选择"开始"→打开"控制面板"中的"性能和维护"→选择其中的"管理工具"→双击"计算机管理"，进入"计算机管理"窗口。

在该窗口中选择"本地用户和组"中的"用户"图标右击，在弹出的快捷菜单中选择"新用户"菜单项，打开"新用户"窗口。如图 8-7 所示，在该窗口中输入用户名、密码，单击"创建"按钮，然后单击"关闭"按钮，完成新用户的创建。

第二步，将 Windows 账户加入到 SQL Server 中。

以管理员身份登录到 SQL Server Management Studio，在"对象资源管理器"中，找到并选择如图 8-8 所示的"登录名"项。右击，在弹出的快捷菜单中选择"新建登录名"，打开"登录名-新建"窗口。

图 8-7　创建新用户的界面　　　　　　　　　　图 8-8　新建登录名

如图 8-9 所示，可以通过单击"常规"选项页的"搜索"按钮，在"选择用户或组"对话框中选择相应的用户名或用户组添加到 SQL Server 2005 登录用户列表中。

②　建立 SQL Server 验证模式的登录名。

要建立 SQL Server 验证模式的登录名，首先应将验证模式设置为混合模式。之前，在图 8-5 中已经将验证模式设为了混合模式。如果用户在安装 SQL Server 时验证模式没有设置为混合模式，则先要将验证模式设为混合模式。步骤如下。

第一步，在"对象资源管理器"中选择要登录的 SQL Server 服务器图标，右击，在弹出的快捷菜单中选择"属性"菜单项，打开"服务器属性"窗口。

第二步，在打开的"服务器属性"窗口中选择"安全性"选项页。选择身份验证为"SQL Server 和 Windows 身份验证模式"，单击"确定"按钮，保存新的配置，重启 SQL Server 服务即可。

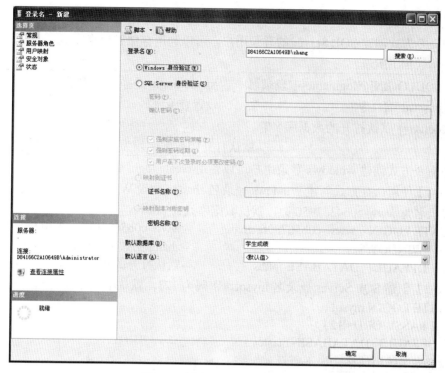

图 8-9　创建 Windows 登录用户

　　创建 SQL Server 验证模式的登录名也在如图 8-9 所示的界面中进行，输入一个自己定义的登录名，例如"zhang"，选中"SQL Server 身份验证"选项，输入密码，并将"强制密码过期"复选框中的勾去掉，设置完单击"确定"按钮即可。

　　为了测试创建的登录名能否连接 SQL Server，可以使用新建的登录名 zhang 来进行测试，具体步骤如下：

　　在"对象资源管理器"窗口中单击"连接"按钮，在下拉框中选择"数据库引擎"，弹出"连接到服务器"对话框。在该对话框中，"身份验证"选择"SQL Server 身份验证"，"登录名"填写 zhang，输入密码，单击"连接"按钮，就能连接 SQL Server 了。登录后的"对象资源管理器"界面如图 8-10 所示。

图 8-10　使用 SQL Server 验证方式登录

（2）命令方式

使用命令方式创建 SQL Server 的登录用户，可以利用存储过程来完成。

语法格式如下所示。

```
SP_ADDLOGIN[@loginame=] '登录名'      --sp_addlogin 是系统存储过程
[,[@passwd=] '口令']                           --设置登录密码
[,[@defdb=] '默认打开的数据库名']
                                    --默认打开的数据库须为系统数据库，默认为 master
```

使用命令方式创建 windows 登录用户可以使用 create login 命令。

【例 8-1】使用命令方式创建 Windows 登录名 zhang（假设 Windows 用户 zhang 已经创建，本地计算机名为 www-c0b434795fa），默认数据库设为 pubs。

```
CREATE LOGIN   www-c0b56789fa\zhang      --www-c0b56789fa 是计算机全名
FROM WINDOWS                             --zhang 必须为 windows 用户
WITH DEFAULT_DATABASE=pubs               --默认打开的数据库为系统数据库 pubs
```

【例 8-2】创建 SQL Server 登录名 mysql，密码为 123，默认数据库设为 master。

```
CREATE LOGIN mysql
WITH PASSWORD='123',
     DEFAULT_DATABASE=master
```

删除登录名的语法格式如下所示。

```
DROP LOGIN    登录名
```

【例 8-3】删除 Windows 登录名 wang。

```
DROP LOGIN [www-c0b434795fa\wang]
```

【例 8-4】删除 SQL Server 登录名 mysql。

```
DROP LOGIN mysql
```

在默认情况下，和使用 Windows 超级管理员方式一样，使用 SQL Server 默认的登录名为 "sa" 密码为空的登录名登陆后，因为它们拥有管理员的权限，可以进行所有的操作。但是，一般情况下，用户新建的一个非管理员权限的 SQL Server 登录名或 Windows 账号为受限用户，使用该账号登录 SQL Server 后只能看到系统数据库，而无法看到用户数据库。所以，需要继续为这些登录用户授权。

3. SQL Server 数据库用户（第三层 SQL Server 数据库的安全防线）

在 SQL Server 中，用户分为登录用户（login）和数据库用户。登录用户是用于进入 SQL Server 的用户。数据库用户是指操作数据库的用户。

登录用户只有成为数据库用户后才能访问数据库。

SQL Server 默认有两个 login 用户：sa 和 BULTIN/administrators。sa 是系统管理员的简称，BULTIN/administrators 是 WindowsNT 的系统管理员，它们都是超级用户，对数据库拥有一切权限。

SQL Server 对于所有的用户数据库默认有两个数据库用户：dbo（数据库拥有者）和 guest。dbo 拥有一切数据库操作权限；guest 是一个登录用户在被设定为某个数据库用户之前，可用 guest 用户身份访问数据库，只不过其权限非常有限。

（1）可视化方式

创建数据库用户账户的步骤如下（以学生成绩为例）所示。以系统管理员身份连接 SQL Server，展开 "数据库" → "学生成绩" → "安全性" →选择 "用户"，右击，在弹出的快捷

菜单中选择"新建用户"菜单项，进入"数据库用户-新建"窗口。在"用户名"框中填写一个数据库用户名，"登录名"框中填写一个能够登录 SQL Server 的登录名，如 zhang。

注意：一个登录名在本数据库中只能创建一个数据库用户。默认架构为 dbo，如图 8-11 所示，单击"确定"按钮完成创建。

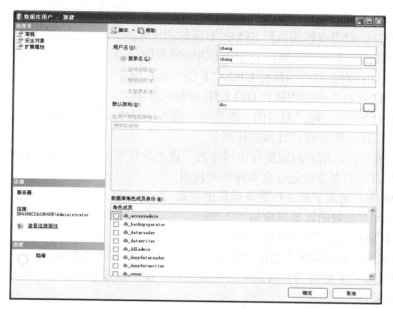

图 8-11　新建数据库用户账户

（2）命令方式

SQL Server 可用以下命令授权登录用户成为数据库用户，该命令必须要在连接所要访问的数据库后方可执行。

语法格式如下所示。

```
SP_ADDUSER [@loginame=] '登录名'          --sp_adduser 为系统存储过程
[,[@name_in_db=] '访问数据库时用的用户名']
                                --数据库用户名可以和登录名不一致
```

【例 8-5】把 SQL Server 登录名 sql 加为用户数据库学生成绩数据库的数据库用户，用户名为"sql_stu"。

Exec SP_ADDUSER 'sql', 'sql_stu'   --exec 可以省略

删除数据库用户使用 DROP USER 语句。

语法格式如下所示。

```
DROP USER 数据库用户名
```

【例 8-6】删除学生成绩数据库的数据库用户 zhang。

USE 学生成绩   --跳转到学生成绩数据库
GO
DROP USER zhang

4. 存取控制（第四层　数据库对象的安全防线）

当用户成为数据库的合法用户后，除了可以查看用户数据库中的系统表外，并不具有操作数据库中对象的任何权限，因此，需给数据库中的用户授予操作数据库对象的权限。

可授予数据库用户的权限分为 3 个层次，即数据库对象、表、视图、数据。

第一层，数据库对象。在当前数据库中创建数据库对象及进行数据库备份的权限，主要有创建表、视图、存储过程、规则、缺省值对象、函数的权限及备份数据库、日志文件的权限。

第二层，表/视图。用户对数据库表的操作权限及执行存储过程的权限有以下几种。

① SELECT：对表或视图执行 SELECT 语句的权限。

② INSERT：对表或视图执行 INSERT 语句的权限。

③ UPDATE：对表或视图执行 UPDATE 语句的权限。

④ DELETE：对表或视图执行 DELETE 语句的权限。

⑤ REFERENCES：用户对表的主键和唯一索引字段生成外键引用的权限。

⑥ EXECUTE：执行存储过程的权限。

第三层，表字段。用户对数据库中指定表字段的操作权限主要有以下两种。

① SELECT：对表字段进行查询操作的权限。

② UPDATE：对表字段进行更新操作的权限。

SQL Server 对权限的管理包含如下 3 个。

① 授予权限：允许用户或角色具有某种操作权。

② 收回权限：删除以前在当前数据库内的用户上授予或拒绝的权限。

③ 拒绝权限：拒绝给当前数据库内的安全账户授予权限并防止安全账户通过其组或角色成员继承权限。

在 SQL Server 中，针对可授予数据库用户的 3 个层次的权限（数据库对象、表、表字段），权限分为对象权限、语句权限和隐含权限三种。可以采用可视化方式和命令实现。

（1）可视化方式授予语句权限

① 授予数据库上的权限。以给数据库用户 zhang（假设该用户已经使用 SQL Server 登录名"zhang"创建）授予学生成绩数据库的 CREATE TABLE 语句的权限为例，在 SQL Server Management Studio 中授予用户权限的步骤如下。

以系统管理员身份登录到 SQL Server 服务器，在"对象资源管理器"中展开"数据库"→"学生成绩"，右击，在弹出的快捷菜单中选择"属性"，进入学生成绩数据库的属性窗口，选择"权限"选项页。

在用户或角色栏中选择需要授予权限的用户或角色（如 wang），在窗口下方列出的权限列表中找到相应的权限（如 Create table），在复选框中打勾，如图 8-12 所示。单击"确定"按钮即可完成。如果需要授予权限的用户在列出的用户列表中不存在，则可以单击"添加"按钮将该用户添加到列表中再选择。选择用户后单击"有效权限"按钮可以查看该用户在当前数据库中有哪些权限。

② 授予数据库对象的权限。以给数据库用户 zhang 授予课程表上的 SELECT、INSERT 的权限为例，步骤如下。

以系统管理员身份登录到 SQL Server 服务器，在"对象资源管理器"中展开"数据库"→"学生成绩"→"表"→"课程"，右，在弹出的快捷菜单中选择"属性"，进入课程表的属性窗口，选择"权限"选项页。

单击"添加"按钮，在弹出的"选择用户或角色"窗口中单击"浏览"按钮，选择需要授权的用户或角色（如 zhang），选择后单击"确定"按钮回到课程表的属性窗口。在该窗口中选择用户（如 zhang），在权限列表中选择需要授予的权限（如 Select、Insert），如图 8-13 所示，单击"确定"按钮完成授权。

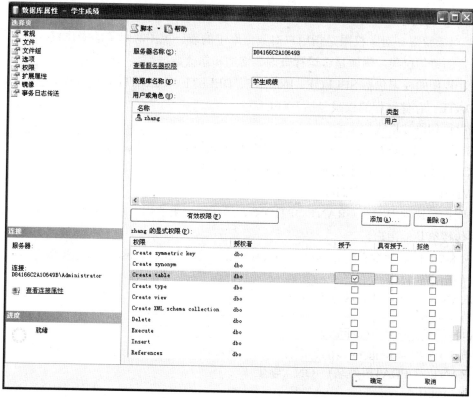

图 8-12 授予用户数据库上的权限

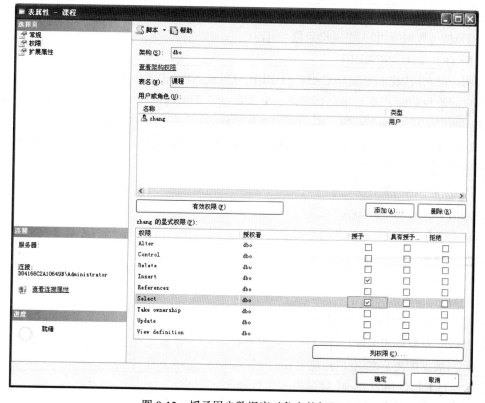

图 8-13 授予用户数据库对象上的权限

（2）命令方式

① 对象权限。对象权限是指用户对数据库中的表、视图等对象的操作权，相当于数据操作语言的语句权限，例如是否运行查询、增加和修改数据等。

表、视图的权限包括 SELECT、INSERT、DELETE、UPDATE。列的权限包括 SELECT 和 UPDATE。存储过程的权限包括 EXECUTE。

授权语句语法格式如下所示。

```
GRANT    对象权限名[, …]    ON    {表名 | 视图名 | 存储过程名}
TO    {数据库用户名 | 用户角色名}[, …]
[WITH    GRANT    OPTION]
```

说明：可选项[WITH GRANT OPTION]表示获得权限的用户还能获得传递权限，把获得的权限传授给其他用户。

【例 8-7】把对学生表的查询权和插入权授予给用户 user1，user1 同时获得将这些权限转授给别的用户的权限。

```
GRANT    SELECT,INSERT    ON    学生
TO    user1
WITH    GRANT    OPTION
```

【例 8-8】把对 Student 表的姓名属性的修改权授予给用户 user1。

```
GRANT    UPDATE(姓名)    ON    学生
TO    user1
```

收回权限的语法格式如下所示。

```
REVOKE    对象权限名[, …]    ON    {表名 | 视图名 | 存储过程名}
FROM    {数据库用户名|用户角色名}[, …]
[RESTRICT | CASCADE]
```

说明：可选项[RESTRICT | CASCADE]中，CASCADE 表示回收权限时要引起连锁回收。即从用户回收权限时，要把用户转授出去的同样的权限同时回收。RESTRICT 表示，当不存在连锁回收时，才能回收权限，否则系统会拒绝回收。

【例 8-9】从用户 user1 收回学生对学生表的插入权，若 user1 已把获得的对学生表的插入权转授给其他用户，则连锁收回。

```
REVOKE    INSERT ON 学生
FROM    user1 CASCADE
```

【例 8-10】若 user1 已把获得的对学生表的插入权转授给其他用户，则上述收回语句执行失败，否则收回成功。

```
REVOKE    INSERT ON 学生
FROM    user1 RESTRICT
```

拒绝权限语句的语法格式如下所示。

```
DENY    对象权限名[, …]    ON {表名 | 视图名 | 存储过程名}
TO    {数据库用户名|用户角色名}[, …]
```

【例 8-11】拒绝用户 user1 对学生表进行修改。

```
DENY    UPDATE    ON    学生
```

TO user1

② 语句权限。语句权限是指创建数据库或数据库中的项目的权限，相当于数据定义语言的语句权限。

语句权限包括 CREATE DATABASE、CREATE TABLE、CREATE VIEW、CREATE DEFAULT、CREATE RULE、CREATE FUNCTION、CREATE PROCEDURE、BACKUP DATABASE、BACKUP LOG。

授予权限语句的语法格式如下所示。

```
GRANT  语句权限名[, …]
TO  {数据库用户名|用户角色名}[, …]
```

【例 8-12】授予用户 user1 创建数据库表的权限。

GRANT CREATE TABLE TO user1

收回权限语句的语法格式如下所示。

```
REVOKE  语句权限名[, …]
FROM  {数据库用户名|用户角色名}[, …]
```

【例 8-13】收回用户 user1 创建数据库表的权限。

REVOKE CREATE TABLE

FROM user1

拒绝权限语句的语法格式如下所示。

```
DENY  语句权限名[, …]
TO  {数据库用户名|用户角色名}[, …]
```

【例 8-14】拒绝用户 user1 创建视图的权限。

DENY CREATE VIEW

TO user1

【例 8-15】将学生表的查询和插入权给用户 zln。

GRANT SELECT, INSERT ON 学生

TO zln

【例 8-16】将学生表的查询和插入权赋给用户 zln1,并且 zln1 可以授权给其他用户。

GRANT SELECT, INSERT ON 学生

TO zln1 WITH GRANT

【例 8-17】收回用户 zln2 对学生表的查询和插入权限。

REVOKE SELECT, INSERT ON 学生

FROM zln2

【例 8-18】把对选课表的全部权限授予用户 zln1 和 zln2。

GRANT ALL PRIVILEGES ON 选课

TO zln1, zln

【例 8-19】把查询学生表和修改学生姓名的权限授予用户 zln3。

GRANT SELECT, UPDATE (姓名) ON 学生

TO zln3

【例 8-20】把对课程表的查询权限授予所有用户。

GRANT SELECT ON 课程

TO public

【例 8-21】把建立新表的权限授予用户 zln1。

GRANT CREATE TABLE

TO zln1

【例 8-22】收回用户 zln1 建立新表的权限。

REVOKE CREATE TABLE

FROM zln1

③ 隐含权限。隐含权限是指由 SQL Server 预定义的服务器角色、数据库角色、数据库拥有者和数据库对象拥有者所具有的权限。隐含权限是由系统预先定义好的，相当于内置权限，不需要再明确地授予这些权限。例如，数据库拥有者自动地拥有对数据库进行一切操作的权限。

在数据库中，为了便于管理用户及权限，可以将一组具有相同权限的用户组织在一起，这一组具有相同权限的用户称为角色（Role）。在 SQL Server 中，角色分为系统角色和用户自定义角色，系统角色又分为服务器级系统角色和数据库级系统角色。服务器级系统角色是为整个服务器设置的，数据库级系统角色是为具体的数据库设置的。下一节将介绍固定服务器角色和数据库角色，以及通过角色实现为用户集中授权的方法。

5. 固定服务器角色与数据库角色

（1）固定服务器角色

服务器角色独立于各个数据库。如果在 SQL Server 中创建一个登录名后，要赋予该登录者具有管理服务器的权限，此时可设置该登录名为服务器角色的成员。SQL Server 提供了以下固定服务器角色。

sysadmin：系统管理员，可对 SQL Server 服务器进行所有的管理工作，为最高管理角色。这个角色一般适合于数据库管理员（DBA）。

securityadmin：安全管理员，可以管理登录和 CREATE DATABASE 权限，还可以读取错误日志和更改密码。

serveradmin：服务器管理员，具有对设置及关闭服务器的权限。

setupadmin：设置管理员，添加和删除链接服务器，并执行某些系统存储过程。

processadmin：进程管理员，可以用来结束进程。

diskadmin：用于管理磁盘文件。

dbcreator：数据库创建者，可创建、更改、删除或还原任何数据库。

bulkadmin：可执行 BULK INSERT 语句,但是这些成员对要插入数据的表必须有 INSERT 权限。BULK INSERT 语句的功能是以用户指定的格式复制一个数据文件至数据库表或视图。

① 可视化方式添加固定服务器角色的成员。可视化方式添加固定服务器角色的成员的步骤如下。

第一步 以系统管理员身份登录到 SQL Server 服务器，在"对象资源管理器"中展开"安全性"→"登录名"→选择登录名，双击或右击，在弹出的快捷菜单中选择"属性"菜单项，打开"登录属性"窗口。

第二步 在打开的"登录属性"窗口中选择"服务器角色"选项页。如图 8-14 所示，在"登录属性"窗口右边列出了所有的固定服务器角色，用户可以根据需要，在服务器角色前的复选框中打勾，来为登录名添加相应的服务器角色。单击"确定"按钮完成添加。

图 8-14　SQL Server 服务器角色设置窗口

② 命令方式添加固定服务器角色的成员。利用系统存储过程可以添加固定服务器角色成员。系统存储过程 sp_addsrvrolemember 可将一个登录名添加到某一固定服务器角色中，使其成为固定服务器角色的成员。

语法格式如下所示。

SP_ADDSRVROLEMEMBER 　'登录名', '固定服务器角色名'

【例 8-23】将用户 zhang 添加到 sysadmin 固定服务器角色中。

EXEC sp_addsrvrolemember 'zhang', 'sysadmin'

说明：执行之后，sql 用户 zhang 便拥有了 sysdem 即管理员的权限。

利用系统存储过程删除固定服务器角色成员。

语法格式如下所示。

SP_DROPSRVROLEMEMBER 　'登录名', '服务器角色名'

服务器角色名默认值为 NULL，必须是有效的角色名。

说明：

● 不能删除 sa 登录名。

● 不能从用户定义的事务内执行 SP_DROPSRVROLEMEMBER。

● sysadmin 固定服务器角色的成员执行 SP_DROPSRVROLEMEMBER，可删除任意固定服务器角色中的登录名，其他固定服务器角色的成员只可以删除相同固定服务器角色中的其他成员。

【例 8-24】从 sysadmin 固定服务器角色中删除 SQL Server 登录名 zhang。

EXEC SP_DROPSRVROLEMEMBER 'zhang', 'sysadmin'

说明：执行后，zhang 便没有了权限。

（2）数据库角色

db_owner：数据库所有者，这个数据库角色的成员可执行数据库的所有管理操作。

用户发出的所有 SQL 语句均受限于该用户具有的权限。例如，CREATE DATABASE 仅限于 sysadmin 和 dbcreator 固定服务器角色的成员使用。

sysadmin 固定服务器角色的成员、db_owner 固定数据库角色的成员以及数据库对象的所有者都可授予、拒绝或废除某个用户或某个角色的权限。使用 GRANT 赋予执行 T-SQL 语句或对数据进行操作的权限；使用 DENY 拒绝权限，并防止指定的用户、组或角色从组和角色成员的关系中继承权限；使用 REVOKE 取消以前授予或拒绝的权限。

db_accessadmin：数据库访问权限管理者，具有添加、删除数据库使用者、数据库角色和组的权限。

db_securityadmin：数据库安全管理员，可管理数据库中的权限，如表的增加、删除、修改和查询等存取权限。

db_ddladmin：数据库 DDL 管理员，可增加、修改或删除数据库对象。

db_backupoperator：数据库备份操作员，有执行数据库备份的权限。

db_datareader：数据库数据读取者。

db_datawriter：数据库数据写入者，具有对表进行增加、删修、修改的权限。

db_denydatareader：数据库拒绝数据读取者，不能读取数据库中任何表的内容。

db_denydatawriter：数据库拒绝数据写入者，不能对任何表进行增加、删修、修改操作。

public：是一个特殊的数据库角色，每个数据库用户都是 public 角色的成员，因此不能将用户、组或角色指派为 public 角色的成员，也不能删除 public 角色的成员。通常将一些公共的权限赋给 public 角色。

① 可视化方式添加固定数据库角色的成员

第一步，以系统管理员身份登录到 SQL Server 服务器，在"对象资源管理器"中展开"数据库"→"学生成绩"→"安全性"→"用户"→选择一个数据库用户，双击或右击，在弹出的快捷菜单中选择"属性"菜单项，打开"数据库用户"窗口。

第二步，在打开的窗口中，在"常规"选项页中的"数据库角色成员身份"栏，用户可以根据需要，在数据库角色前的复选框中打勾，来为数据库用户添加相应的数据库角色，如图 8-15 所示。单击"确定"按钮完成添加。

② 命令方式添加固定数据库角色的成员。使用系统存储过程添加固定数据库角色成员。利用系统存储过程 sp_addrolemember 可以将一个数据库用户添加到某一固定数据库角色中，使其成为该固定数据库角色的成员。

语法格式如下所示。

```
SP_ADDROLEMEMBER  '数据库角色', 'security_account'
```

说明：security_account 是添加到该角色的安全账户，可以是数据库用户或当前数据库角色。

【例 8-25】将学生成绩数据库上的数据库用户 zhang（假设已经创建）添加为固定数据库角色 db_owner 的成员。

图 8-15　添加固定数据库角色的成员

EXEC SP_ADDROLEMEMBER 'db_owner', 'zhang'

使用系统存储过程删除固定数据库角色成员。

语法格式如下所示。

SP_DROPROLEMEMBER '服务器角色', 'security_account'

【例 8-26】将数据库用户 zhang 从 db_owner 中去除。

EXEC SP_DROPROLEMEMBER 'db_owner', 'zhang'

（3）用户自定义数据库角色

用户自定义角色也属于数据库一级的角色。用户可以根据实际情况定义自己的一系列角色，并给每个角色授予合适的权限，对角色的权限管理和数据库角色相同。有了角色，就不用直接管理每个具体的数据库用户的权限，而只需将数据库用户放置到合适的角色中即可。当权限发生变化时，只要更改角色的权限即可，而无需更改角色中的成员的权限。只要权限没有被拒绝过，角色中的成员的权限是角色的权限加上它们自己所具有的权限。如果某个权限在角色中是拒绝的，则角色中的成员就不能再拥有此权限，即使为此成员授予了此权限。

① 可视化方式使用用户自定义数据库角色

第一步，创建数据库角色。以系统管理员身份登录 SQL Server→在"对象资源管理器"中展开"数据库"→选择要创建角色的数据库（如学生成绩），展开其中的"安全性"→"角色"，右击，在弹出的快捷菜单中选择"新建"→在弹出的子菜单中选择"新建数据库角色"菜单项，如图 8-16 所示。进入"数据库角色-新建"窗口。

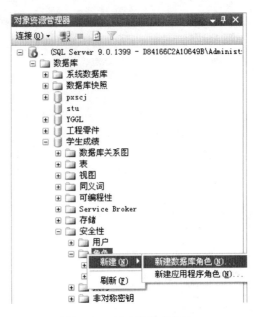

图 8-16 新建数据库角色

第二步，将数据库用户加入数据库角色。当数据库用户成为某一数据库角色的成员后，该数据库用户就获得该数据库角色所拥有的对数据库操作的权限。

将用户加入自定义数据库角色的方法与前面介绍的将用户加入固定数据库角色的方法类似，这里不再重复。如图 8-17 所示的是将用户 zhang 加入 ROLE1 角色。

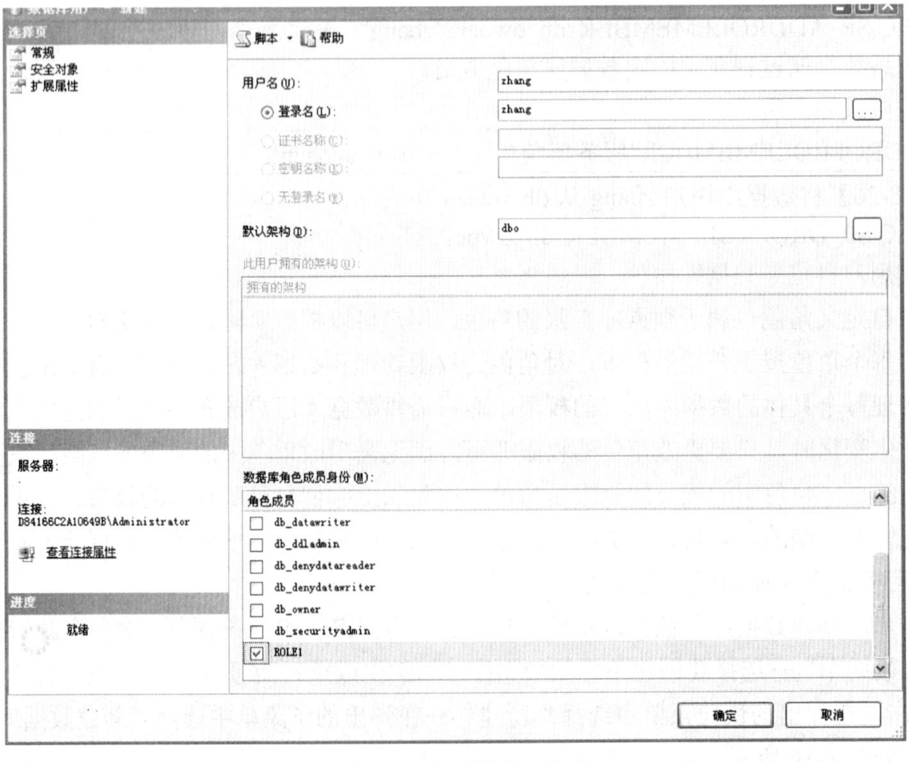

图 8-17 添加到数据库角色

② 命令方式使用用户自定义数据库角色。用户角色的创建，可利用存储过程来进行。语法格式如下所示。

> SP_ADDROLE　'新角色名', '该角色所有者'

定义数据库角色的语法格式如下所示。

CREATE ROLE 角色名 [AUTHORIZATION 所有者]

【例 8-27】如下示例在当前数据库中创建名为 ROLE2 的新角色，并指定 dbo 为该角色的所有者。

CREATE ROLE ROLE2 AUTHORIZATION dbo

给数据库角色添加成员。向用户定义数据库角色添加成员也使用存储过程 SP_ADDROLEMEMBER。

【例 8-28】使用 Windows 身份验证模式的登录名，创建学生成绩数据库的用户 DU，并将该数据库用户添加到 ROLE1 数据库角色中。

CREATE USER   [0BD7E57C949A420\DU]

FROM LOGIN [0BD7E57C949A420\DU]

EXEC SP_ADDROLEMEMBEr 'ROLE1', '0BD7E57C949A420\DU'

【例 8-29】将 SQL Server 登录名创建的学生成绩的数据库用户 wang（假设已经创建）添加到数据库角色 ROLE1 中。

EXEC SP_ADDROLEMEMBER 'ROLE1','wang'

【例 8-30】将数据库角色 ROLE2（假设已经创建）添加到 ROLE1 中。

EXEC SP_ADDROLEMEMBER 'ROLE1','ROLE2'

将一个成员从数据库角色中去除也使用系统存储过程 SP_DROPROLEMEMBER，之前已经介绍过。

通过 SQL 命令删除数据库角色的语法格式如下所示。

> DROP ROLE 数据库角色名

说明：用 SQL 命令给角色授权的语句和给数据库用户授权的命令一致（GRANT，REVOKE，DENY）。

【例 8-31】删除数据库角色 ROLE2。

DROP ROLE ROLE2

第二节　数据库的完整性

一、完整性约束条件及完整性控制

数据的完整性和安全性是数据库保护的两个不同的方面。安全性是防止用户非法使用数据库，完整性是防止合法用户使用数据库时向数据库中加入不合语义的数据。也就是说，安全性措施的防范对象是非法用户和非法操作，完整性措施的防范对象是不合语义的数据。从数据库的安全保护角度来讲，完整性和安全性是密切相关的。

数据库的完整性的基本含义是指数据库中数据的正确性、有效性和相容性，其主要目的是防止错误的数据进入数据库。正确性指数据库中的数据本身是正确的。如，学生的年龄必须是整数，取值范围大于6，性别只能是男、女。相容性指数据之间的关系是正确的，如，学号必须唯一，学生所选的课必须是已经开设的课等。

为维护数据库的完整性，分以下两步进行。

① 在定义模式时就要定义好加在数据之上的语义约束条件（数据的要求），这种语义约束条件称为数据库完整性约束条件，它们作为模式的一部分存入数据库中。

② 用户对数据库进行日常操作时，DBMS 能自动根据完整性约束条件来判断这些操作是否满足完整性条件，称为完整性检查。

数据库系统是对现实的模拟，现实中存在各种各样的规章制度，以保证事情能正常、有序的运行。许多规章制度可转化为对数据的约束，例如，单位人事制度中对职工的退休年龄会有规定，也可能一个部门的主管不能在其他部门任职、职工工资只能涨不能降等。对数据库中的数据设置某些约束机制，这些添加在数据上的语义约束条件称为数据库完整性约束条件，简称"数据库的完整性"，系统将其作为模式的一部分"定义"于 DBMS 中。DBMS必须提供一种机制来检查数据库中数据的完整性，看其是否满足语义规定的条件，这种机制称为"完整性检查"。为此，数据库管理系统的完整性控制机制应具有 3 个方面的功能，来防止合法用户在使用数据库时，向数据库注入不合法或不合语义的数据。

① 定义功能，提供定义完整性约束条件的机制。

② 验证功能，检查用户发出的操作请求是否违背了完整性约束条件。

③ 处理功能，如果发现用户的操作请求使数据违背了完整性约束条件，则采取一定的动作来保证数据的完整性。

1. 数据库完整性的分类

数据完整性检查是围绕完整性约束条件进行的，因此完整性约束条件是完整性控制机制的核心。

数据库完整性约束分为 2 种：静态完整性约束和动态完整性约束。完整性约束条件涉及三类作用对象，即属性级、元组级和关系级。这三类对象的状态可以是静态的，也可以是动态的。结合这两种状态，一般将这些约束条件分为静态属性级约束、静态元组级约束、静态关系级约束、动态属性级约束、动态元组级约束、动态关系级约束等 6 种约束。

（1）静态完整性约束

静态完整性约束，简称静态约束，是指数据库每一确定状态时的数据对象所应满足的约束条件，它是反映数据库状态合理性的约束，是最重要的一类完整性约束，也称"状态约束"。

在某一时刻，数据库中的所有数据实例构成了数据库的一个状态，数据库的任何一个状态都必须满足静态约束。每当数据库被修改时，DBMS 都要进行静态约束的检查，以保证静态约束始终被满足。

静态约束又分为 3 种类型：隐式约束、固有约束和显式约束。

① 隐式约束。隐式约束是指隐含于数据模型中的完整性约束，由数据模型上的完整性约束完成约束的定义和验证。隐式约束一般由数据库的数据定义语言（DDL）语句说明，并存于数据目录中，例如实体完整性约束、参照完整性约束和用户自定义完整性约束。

② 固有约束。固有约束是指数据模型固有的约束。例如，关系的属性是原子的，满足第一范式的约束。固有约束在 DBMS 实现时已经考虑，不必特别说明。

③ 显示约束。隐式约束和固有约束是最基本的约束，但概括不了所有的约束。数据完

整性约束是多种多样的，且依赖于数据的语义和应用，需要根据应用需求显式地定义或说明，这种约束称为数据库完整性的"显示约束"。

隐式约束、固有约束和显示约束这三种静态约束作用于关系数据模型中的属性、元组、关系，相应有静态属性级约束、静态元组级约束和静态关系级约束。

① 静态属性级约束。静态属性级约束是对属性值域的说明，是最常用也是最容易实现的一类完整性约束，包括以下几个方面。

a. 列的数据类型，包括类型、长度、精度等。如姓名的类型是字符串，长度为 10，年龄的类型是整型。

b. 列的数据格式。如日期格式、电子邮件格式、身份证号格式、值的范围。

c. 如考试的成绩的范围在 0～100，性别的范围是男、女。

d. 空值约束。如学号不能为空值，成绩可以为空值。定义为主属性的列自动不能为空值。其他列也可以规定是不是允许为空，如年龄。

② 静态元组级约束。规定一个元组中各个列之间的约束关系。例如，一个订货关系有发货量和订货量等列，可以规定发货量不得超过订货量。

又例如职工的应发工资＝总收入－总支出。

③ 静态关系级约束。静态关系级约束是一个关系中各个元组之间或者若干个关系之间常常存在的各种联系的约束。常见的静态关系级约束有以下几种。

a. 实体完整性约束。

b. 参照完整性约束。实体完整性约束和参照完整性约束是关系模型的两个极其重要的约束，称为关系的两个不变性。

c. 函数依赖约束。大部分函数依赖约束都在关系模式中定义。一般情况下，函数依赖关系都是隐含在关系模式中的，如定义了主键后，对主键值的唯一性要求，自然就确定了函数依赖的关系。但有时为了使信息不过于分离，常常不过分追求规范化，在这种情况下，另外的函数依赖关系需要显式地表示出来。如 A<>B，就要求 A 永远不能与 B 相同。

d. 统计依赖约束。统计依赖约束指的是字段值与关系中多个元组的统计值之间的约束关系，如规定总经理的工资不得高于职工的平均工资的 4 倍，不得低于本部门职工平均工资的 3 倍，其中，本部门职工的平均工资是一个统计值。

（2）动态完整性约束

动态完整性约束，简称动态约束，不是对数据库状态的约束，而是指数据库从一个正确状态向另一个正确状态的转化过程中，新、旧值之间所应满足的约束条件，反映数据库状态变化的约束，也称"变迁约束"。例如在更新职工表时，工资、工龄这些属性值一般只会增加，不会减少，该约束表示任何修改工资、工龄的操作只有新值大于旧值时才被接受。该约束既不作用于修改前的状态，也不作用于修改后的状态，而是规定了状态变迁时必须遵循的约束。动态约束一般也是显式说明的。

动态约束作用于关系数据模型的属性、元组、关系，相应有动态属性级约束、动态元组级约束和动态关系级约束。

① 动态属性级约束。动态属性级约束是修改定义或属性值时应该满足的约束条件。

a. 修改定义时的约束。例如，将原来允许空值的属性修改为不允许空值时，如果该属性当前已经存在空值，则规定拒绝修改。

b. 修改属性值时的约束。修改属性值有时需要参考该属性的原有值，并且新值和原有值之间需要满足某种约束条件。例如，职工工资调整时不得低于其原有工资，学生的年龄只能增长等。

② 动态元组级约束。动态元组约束是指修改某个元组的值时要参照该元组的原有值，并且新值和旧值间应当满足某种约束条件。例如，职工工资调整不得低于其原有工资＋工龄×1.5 等。

③ 动态关系级约束。动态关系级约束就是加在关系变化前后状态上的限制条件。例如，事务的一致性，原子性等约束。动态关系级约束实现起来开销较大。如在产品销售表中增加一条商品销售记录，同时就要修改库存表中该商品的记录。

2. 完整性控制机制的功能

DBMS 的完整性控制机制应具备定义功能、检查功能、控制功能。

① 定义功能：DBMS 提供定义完整性约束条件的机制。

② 检查功能：DBMS 检查用户操作是否违背了完整性约束条件。检查功能分两种情况：一是对用户的操作立即进行完整性检查，这类约束称为立即执行的约束；另一类不是对每一条操作进行检查，而是对一组操作后检查（如事务），这类约束称为延迟执行的约束。如银行从账号 A 转一笔钱到账号 B，必须等两个操作都执行后才检查完整性。

③ 控制功能：当发现用户操作违背完整性约束条件时，DBMS 采取什么措施。比较常见的措施是拒绝执行，但也可以采取其他方法。

3. 完整性规则的数学表示。

一条完整性规则可以用一个五元组(D, O, A, C, P)来表示。

D 表示数据对象。

O 表示对数据对象的操作。

A 表示约束条件。

C 表示元组条件。

P 表示违反完整性约束时触发的过程（事件）。

完整性约束可以这样表达：当用户对满足 C 的数据 D 进行 O 操作时，应遵从约束条件 A，否则 DBMS 将采取 P 措施。

【例 8-32】用五元组表示学号不能为空。

D：SNO 属性。

O：当用户插入或修改时触发完整性检查。

A：SNO 不能为空。

C：无（即所有元组）。

P：拒绝执行。

4. 实现参照完整性要考虑的几个问题

（1）外码能否为空

例如职工表中的部门号是外码，职工表中的部门号可以为空，表明该职工没有分配部门；选课表中的学号和课程号则不能为空，因为选课记录必须要指明谁选修了什么课。结论，当外码是主属性时则不能为空。

（2）删除被参照关系中的元组时的问题，有 3 种策略

① 级联删除。将参照表中所有外码值与被参照表中要删除的元组主码值相同的元组一

起删除。如将某学生删除时，将选课表中相应的记录也删除。

② 受限删除。仅当参照表中没有任何元组的外码值与被参照表中要删除的元组主码值相同时，系统才执行删除操作，否则拒绝。如只有选课表中无记录的学生才可从学生表中删除。

③ 置空值删除。删除被参照表的元组，并将参照表中相应元组的外码值置空值。

（3）在参照关系中插入元组时的问题

当向参照表中插入某个元组，而被参照表中却不存在主码与参照表外码相等的元组时，可有 2 种策略。

① 受限插入。仅当被参照表中存在相应的元组，其主码值与参照表中要插入的元组的外码值相同时，系统才执行删除插入操作，否则拒绝。如只有在学生表中存在该学生，才能在选课表中插入该学生的选课记录。

② 递归插入。首先在被参照表中插入相应的元组，其主码值等于参照表中要插入的元组的外码值，然后向参照表中插入元组。例如，先在学生表中插入该学生，然后再插入该学生的选课记录。

（4）修改被参照关系中的元组时的问题

当修改被参照表的某个元组，而参照表中存在若干元组，其外值与被参照表要修改的元组的主码值相等时，有 3 种方法来进行处理。

● 级联修改。如果要修改被参照表中的某个元组的主码值，则参照表中相应的外码值也作相应的修改。

● 受限修改。如果参照表中有外码值与被参照表中要修改的主码值相同的元组，则拒绝修改。

● 置空值修改。修改被参照表的元组，并将参照表中相应元组的外码值置空值。

二、SQL Server 的数据完整性及实现方法

前面我们介绍了完整性控制的一般方法，不同的数据库产品对完整性的支持策略和支持程度不同，在实际的数据库应用开发时，一定要查阅所用的数据库管理系统在关于数据库完整性方面的支持情况。本节主要介绍 SQL Server 的完整性控制策略，见表 8-3。

表 8-3　SQL Server 对数据库完整性的支持情况

完整性约束		定 义 方 式		SQL Server 支持情况
静态约束	固有约束	数据模型固有		属性原子性
	隐式约束	数据库定义语言（DDL）	表本身的完整性约束	实体完整性约束、唯一约束、CHECK 约束、非空约束、默认约束
			表间的约束	参照完整性约束、触发器
	显式约束	过程化定义		存储过程、函数
		断言		不支持
		触发器		支持
动态约束		过程化定义		存储过程、函数
		触发器		支持

① SQL Server 的约束类型有以下 5 种。

a. NULL(NOT NULL)：某列允许空值（不允许空值）。

b. CHECK：某列的值必须满足的条件。

c. PRIMARY KEY：主码定义，主码不能重复，不允许为空值。

d．UNIQUE：不能重复。

e．FOREIGN KEY：外键定义（参照完整性）。

除了以上 5 种约束外，还可以通过数据完整性约束来对数据进行约束。

② SQL Server 实现数据完整性的方法主要有 4 种：

a．定义约束；

b．缺省；

c．规则；

d．触发器。

第三节　数据库的并发控制

一、事务

1．事务的基本概念

事务是用户定义的一个数据库操作序列，这些操作要么全做，要么全不做，是一个不可分割的工作单位。

一个逻辑工作单元要成为事务，必须满足事务的 ACID（原子性、一致性、隔离性和持久性）属性。

原子性（Atomicity）：事务是数据库操作的逻辑工作单位。就操作而言，事务中的操作是一个整体，不能再被分割，要么全部成功执行，要么全部不成功执行。

一致性（Consistency）：事务一致性是指事务执行前后都能够保持数据库状态的一致性，即事务的执行结果是将数据库从一个一致性状态变到另一个一致性状态。

隔离性（Isolation）：隔离性是指多个事务在执行时不互相干扰。事务具有隔离性意味着一个事务的内部操作及其使用的数据库，对其他事务是不透明的，其他事务不会干扰这些操作和数据。

持续性（Durability）：指事务一旦提交，则其对数据库中数据的改变就应该是永久的，即使是出现系统故障等问题。

事务开始后，事务所有的操作都将陆续写到事务日志中。这些任务操作在事务日志中记录一个标志，用于表示执行了这种操作，当取消这种事务时，系统自动执行这种操作的反操作，以保证系统的一致性。系统自动生成一个检查点机制，这个检查点周期地发生。检查点的周期是系统根据用户定义的时间间隔和系统活动的频度由系统自动计算出来的时间间隔。检查点周期地检查事务日志。如果在事务日志中，事务全部完成，那么检查点将事务提交到数据库中，并且在事务日志中做一个检查点提交标记。如果在事务日志中，事务没有完成，那么检查点将事务日志中的事务不提交到数据库中，并且在事务日志中做一个检查点未提交标记。

事务在运行过程中可能会遭到破坏，事务特性可能遭到破坏的主要原因有以下几个。

① 多个事务并行运行时，不同事务的操作交叉执行。

② 事务在运行过程中被强行停止。

2．SQL Server 中的事务

根据事务的设置、用途的不同，SQL Server 将事务分为 2 种类型：系统提供的事务和用户定义的事务，分别称之为系统事务和用户定义事务。

（1）系统事务

系统提供的事务是指在执行某些语句时，一条语句就是一个事务。但是要明确，一条语

句的对象既可能是表中的一行数据，也可能是表中的多行数据，甚至是表中的全部数据。因此，只有一条语句构成的事务也可能包含了多行数据的处理。

系统提供的事务语句如下所示。

ALTER TABLE 、CREATE、DELETE、DROP、FETCH、GRANT、INSERT、OPEN、REBOKE、SELECT、UPDATE、TRUNCATE TABLE，这些语句本身就构成了一个事务。

【例 8-33】使用 CREATE TABLE 创建一个表。

CREATE TABLE 学生
  （学号 CHAR（10），
  姓名 CHAR（6），
  性别 CHAR（2））

说明：这条语句本身就构成了一个事务。这条语句由于没有使用条件限制，那么这条语句就是创建包含 3 个列的表。要么全部创建成功，要么全部失败。

（2）用户定义事务

在实际应用中，大多数的事务处理采用用户定义的事务来处理。在开发应用程序时，可以使用 BEGIN TRANSACTION 语句来定义明确的用户定义事务。在使用用户定义事务时，必须要注意事务要有明确的结束语句来结束。如果不使用明确的结束语句来结束，那么系统可能把从事务开始到用户关闭连接之间的全部操作都作为一个事务来对待。事务的明确结束可以使用两个语句中的一个，即 COMMIT 语句和 ROLLBACK 语句。COMMIT 语句是提交语句，将全部完成的语句明确地提交到数据库中。ROLLBACK 语句是取消语句，该语句将事务的操作全部取消，即表示事务操作失败。

还有一种特殊的用户定义事务，就是分布式事务。分布式事务是在一个服务器上的操作，所保证的数据完整性和一致性是指一个服务器上的完整性和一致性。但是，如果在一个比较复杂的环境，如可能有多台服务器，那么要保证在多台服务器环境中事务的完整性和一致性，就必须定义一个分布式事务。在这个分布式事务中，所有的操作都可以涉及对多个服务器的操作，当这些操作都成功时，那么所有这些操作都提交到相应服务器的数据库中，如果这些操作中有一个操作失败，那么这个分布式事务中的全部操作都将被取消。

根据运行模式，SQL Server 将事务分为 4 类：自动提交事务、显示事务、隐式事务和批处理级事务。

① 自动提交事务：自动提交事务是指每条单独的语句都是一个事务。

② 显式事务：显式事务指每个事务均以 BEGIN TRANSACTION 语句显式开始，以 COMMIT 或 ROLLBACK 语句显示结束。

③ 隐式事务：隐式事务指在前一个事务完成时新事务隐式启动，但每个事务仍以 COMMIT 或 ROLLBACK 语句显式完成。

④ 批处理级事务：该事务只能应用于多个活动结果集，在活动结果集会话中启动的 T-SQL 显式或隐式事务变为批处理级事务。当批处理完成时，没有提交或回滚的批处理级事务自动由 SQL Server 语句集合分组后形成单个的逻辑工作单元。

3. 事务的控制

事务是一个数据库操作序列，该序列由若干个语句组成。利用已有的语句组成一个事务就涉及事务的启动和终止问题。

（1）启动事务

在 SQL Server 中，启动事务的方式有 3 种：显示启动、自动提交和隐式启动。

　　显示启动：显示启动是以 BEGIN TRANSACTION 命令开始的，即当执行该语句时，SQL Server 将认为这是一个事务的起点。

　　自动提交：自动提交是指用户每发出一条 SQL 语句，SQL Server 会自动启动一条事务，语句执行完了以后，SQL Server 自动执行提交操作来提交该事务。

　　隐式启动：当将 IMPLICIT_TRANSACTIONS 设置为 ON 时，表示将隐式事务模式设置为打开（命令是：SET IMPLICIT_TRANSACTIONS ON）。在隐式事务模式下，任何 DML 语句（Delete、Update、INSERT）都自动启动一个事务。隐式启动的事务通常称为隐性事务。

　　（2）终止事务

　　终止方法有两种，一种是使用 COMMIT 命令（提交操作），另一种是使用 ROLLBACK 命令（回滚操作）。

　　两种方法的区别：当执行 COMMIT 命令提交时，会将语句执行结果保存到数据库中，并终止事务；当执行 ROLLBACK 命令回滚时，数据库将返回到事务开始时的初始状态，并终止事务。

　　事务控制语句的使用方法如下所示。

```
BEGIN TRAN                                  /*A 组语句序列*/
SAVE TRAN    save_point                     /*B 组语句序列*/
if   @error< >0
ROLLBACK   TRAN   save_point                /*仅回退 B 组语句序列*/
COMMIT TRAN                  /*提交 A 组语句，且若未回退 B 组语句则提交 B 组语句*/
```

回滚事务（ROLLBACK TRANSACTION）可以将显示事务或隐式事务回滚到事务的起点或事务内部的某个保存点。

【例 8-34】实现银行账号转账功能的事务。

```
BEGIN TRANSCATION virement                  --事务开始
DECLARE @ balance float, @x float;          --显示启动事务
SET @x = 200;                               --假设用户要取 200
SELECT @balance = balance FROM UserTable WHERE acount = '20000000xxxxxxx1';
                                            --返回账号余额

If (@balance < @x)
return;                                     --判断余额是否足够，余额不足则返回。
else
UPDATE UserTable SET balance = balance - @x where account = '20000000xxxxxxx1';
                                            --余额足够则寻去取钱，并修改账户余额。
COMMIT TRANSACTION virement;                --提交事务，事务终止
```

【例 8-35】使用事务向表 book 中插入数据。

```
BEGIN TRAN   tran_examp                     --事务开始
INSERT INTO   book( book_id , book_name , publish_company)
VALUES( 'dep04_s006_01' , 'VFP 程序设计' , '南京大学出版社' );
SAVE TRAN   int_point;
INSERT INTO book( book_id , book_name , publish_company )
VALUES( 'dep04_s006_02' , 'VFP 实验指导书' , '东南大学出版社' );
INSERT INTO book(book_id , book_name)
VALUES('dep04_s006_03' , 'VFP 课程设计指导书');     --分别向 3 张表中输入数据
```

```
IF @@error< >0                        --判断是否插入成功
    ROLLBACK TRAN int_point;          --不成功则返回
COMMIT TRAN tran_examp;               --提交事务，事务终止。
```

二、并发控制

数据库是一个共享资源，可以供多个用户使用。这样就有可能会有几个用户同时操作数据库的情况，也就有可能发生冲突。

数据库的并发控制是指控制数据库，防止多用户并发使用数据库时造成数据错误和程序运行错误，保证数据完整性。

DBMS 必须提供一种允许多个用户同时对数据库进行存取访问控制的机制，同时确保数据库的一致性和完整性，这就是并发控制。

1. 数据的几种不一致性

数据不完整会破坏事务的 ACID 特性，它是诱发并发错误的主要原因。主要有以下几种造成数据不一致的原因。

数据的不一致性主要包括丢失修改、读"脏"数据、不可重复读。

（1）丢失修改。一个事务对数据库的修改由于另一事务的并发操作而丢失。比如在一个飞机订票系统中，甲乙售票员同时卖出同一航班的机票。

甲售票员	乙售票员
读出机票余额	
A=16	
	读出机票余额
	A=16
更新	
A=A−1	
写回 A=15	
	更新
	A=A−3
	写回 A=13

原因：由于事务 2 提交的结果覆盖了事务 1 提交的结果，使事务 1 对数据库的修改丢失。

（2）读"脏"数据。事务 1 修改某一数据，事务 2 读取同一数据，而 T1 由于某种原因被撤销，则 2 读到的数据则为"脏"数据，即不正确的数据。

事务 1	事务 2
读 C=100	
C=C*2	
写回 C=200	
	读 C=200
ROLLBACK	

原因：事务 2 读取的 C 是无效数据，正确情况下 C 的值应是 100。

（3）不可重复读。事务前后两次从数据库读取同一数据，结果却不一样。

事务 1	事务 2
读 A=50	
读 B=100	
求和=150	
	更新
	读 B=100
	B=B*3
	写回 B=300
读 A=50	
读 B=300	
求和=350	

原因：事务 1 因为事务 2 对数据 B 的修改导致同样的数据两次读出结果不一样。

出现以上问题的主要原因是没有保证事务的隔离性。并发控制就是通过正确的调度方法来控制并发操作，使一个用户事务的执行不受其他事务的干扰，从而避免造成数据的不一致性。

2. 基于事务隔离级别的并发控制

READ UNCOMMITTED：该隔离级别允许读取已经被其他事务修改但尚未提交的数据。是隔离级别中限制最少的一种。

READ COMMITED：该隔离级别允许事务读取已提交的数据。

REPEATABLE READ：不能读取已由其他事务修改但尚未提交的数据。

SERIALIZABLE：事务之间只能顺序执行。

SNAPSHOT：事务只能识别在其开始之前提交的数据修改，看不到在当前事务开始以后的其他事务的修改。

以上介绍的几种隔离级别的功能具体见表 8-4。

表 8-4　隔离级别及其功能

隔 离 级 别	脏写	脏读	不可重复读写
READ UNCOMMITTED	不可以	不可以	不可以
READ COMMITED	√	可以	不可以
REPEATABLE READ	可以	可以	可以
SERIALIZABLE	可以	可以	可以
SNAPSHOT	可以	可以	可以

3. 基于锁的并发控制

（1）锁的概念

锁是指对数据源的锁定，在多用户同时使用时，对同个数据块的访问的一种机制。这种机制的实现是靠锁（Lock）来完成的。一个事务可以申请对一个资源加锁。申请一旦成功，则其他事务就要等该事务对此资源访问结束后才能访问此资源，目的是为了用于保证数据的一致性和完整性。

锁按照功能可以分为以下两种。

排他锁（X 锁、写锁）：若事务 T 对数据对象 A 加 X 锁，则 T 可读写 A，其他事务既不能读取和修改 A，也不能对 A 加任何锁，直到 T 释放 A 上的 X 锁。

共享锁（S 锁、读锁）：若事务 T 对数据对象 A 加 S 锁，则 T 可读 A，其他事务可对 A 加 S 锁，但不能加 X 锁。直到 T 释放 A 上的 S 锁。

对于锁的注意事项有以下几点。

① 事务要对数据对象进行写操作，必须先对数据对象加 X 锁，操作完后释放锁。

② 事务要对数据对象进行读操作，必须先对数据对象加 S 锁，操作完后释放锁。

③ 事务 T1 在对数据对象 A 进行写操作时，事务 T2 对 A 既不能写，也不能读。

④ 事务 T1 在对数据对象 A 进行读操作时，事务 T2 对 A 可以读，但不能写。

（2）封锁协议

在对数据对象加锁时，为了协调多个事务之间的关系，还需要约定一些规则，如何时申请 X 锁或 S 锁，持续时间，何时释放等。这些规则称为封锁协议。

封锁协议分为三级，各级封锁协议对并发操作带来的丢失修改、不可重复读和读"脏"数据等数据不一致问题，可以在不同程度上予以解决。

（3）死锁及其预防

死锁就是两个进程都在等待对方持有的资源锁，要等对方释放持有的资源锁之后才能继续工作，它们互不相让，坚持到底，实际上，双方都要等到对方完成后才能继续工作，而双方都完成不了。

死锁的案例如下所示。

```
BEGIN TRAN T_DeadLock1              --事务 1 开始
DECLARE @s VARCHAR(10)
SELECT * FROM TABLE1 WITH (HOLDELOCK, TABLOCK) WHERE 1=2;
                                    --等待事务 2 释放资源
WAITFOR DELAY '00:005';             --延时
SELECT * FROM TALBE2;               --显示事务 2 的结果
COMMIT TRAN T_DeadLock1             --提交事务，事务结束

BEGIN TRAN T_DeadLock2              --事务 2 开始
DECLARE @s VARCHAR(10)
SELECT * FROM TABLE2 WITH (HOLDELOCK, TABLOCK) WHERE 1=2;
                                    --等待事务 2 释放资源
WAITFOR DELAY '00:005';             --延时
SELECT * FROM TALBE1;               --显示事务 1 的结果
COMMIT TRAN T_DeadLock2             --提交事务，事务结束
```

这个例题说明，双方都不放弃自己已有的资源，但又必须等对方放弃资源后才能继续工作，从而形成互相永远等待的情况，最终形成死锁。

SQL Server 本身提供了一种用于防止死锁的机制。SQL Server 锁监视器定期对线程进行死锁监测，如果监测到死锁，SQL Server 将终止死锁的一个线程，并回滚该线程的事务，从而释放资源，解除死锁。

SQL Server 能够自动探测和处理死锁，但是应用程序应尽可能避免死锁，这就需要遵循如下原则。

① 从表中访问数据的顺序要一致，避免循环死锁。

② 减少使用 holdlock 或使用可重复读与可序列化锁隔离级的查询，从而避免转换死锁。

③ 恰当选择事务隔离级别。选择低事务隔离级可以减少死锁。

第四节　数据库恢复技术

一、故障的种类

1. 事务故障

事务故障是指事务在运行过程中由于故障中途中止。

故障原因：输入错误、运算溢出、违反完整性约束、程序错误等。

处理办法：一般会在不影响其他事务运行的情况下，强行回滚该事务。

【例 8-36】一笔银行转账业务要从账号甲将一笔金额转入账号乙。

```
BEGIN TRANSACTION
读取账号甲的余额 BALANCE；
BALANCE = BALANCE － AMOUNT；
写回 BALANCE；
if (BALANCE < 0) then
  { ROLLBACK； }
else
{ 读取账号乙的余额 BALANCE1；
   BALANCE1 = BALANCE1 + AMOUNT；
   写回 BALANCE1；
   COMMIT； }
```

分析：当账号甲余额不足时则强行回滚，操作转账撤销，否则转账成功并提交。

2. 系统故障

系统故障是指造成系统停止运转，系统必须重新启动。

故障原因：操作系统、DBMS、操作失误、硬件故障、突然停电等造成系统停止运行。

处理办法：系统重新启动后，强行撤销所有未完成事务，重新执行所有已提交的事务。

3. 介质故障

介质故障是指介质中的数据部分丢失或全部丢失。

原因：介质损坏。

处理办法：用数据库备份副本装入并覆盖当前数据库。但是，由于副本是一段时间之前备份的，因此需要重做副本以后的事务。

二、数据恢复的实现技术

数据库恢复技术的关键在于建立备份数据。建立备份数据最常用的技术是：数据转储和登录日志文件。恢复机制涉及两个关键问题：一是如何建立备份数据，二是如何利用备份数据实施数据库备份。

1. 数据转储

数据转储是指把整个数据库复制一份保存起来，作为后备副本，以做不时之需。

转储类型按数据库状态数据转储分为动态转储和静态转储。

① 静态转储：在系统空闲的时候进行，转储期间不允许对数据库进行操作。优点是简

单、保证副本和数据库数据的一致性；缺点是需等待。

② 动态转储：转储期间允许对数据库进行操作。优点是效率高；缺点是不能保证副本和数据库数据的一致性，必须记录转储期间各事务对数据库的修改活动(日志文件)。

按数据转储方式分为海量转储和增量转储。

③ 海量转储：每次转储数据库中的全部数据。优点是简单完整；缺点是花费时间长。

④ 增量转储：每次转储上一次转储后更新过的数据。优点是效率高；缺点是增加了日志活动（表 8-5）。

表 8-5　数据转储类别

分　　类		两种转储状态	
		动态转储	静态转储
两种转储方式	海量转储	动态海量转储	静态海量转储
	增量转储	动态增量转储	静态增量转储

2. 日志文件

日志文件主要用来记录对数据库的更新操作。日志文件中包括很多日志记录。每条记录就是一次操作。每个记录的内容包括事务标识、操作的类型（插入、删除或修改）、操作对象、更新前的旧值（对插入为空）、更新后的新值（对删除为空）。

日志文件的主要用途就是用于数据恢复，进行事务故障恢复和系统故障恢复，并协助后备副本进行介质故障恢复。事务故障和系统故障恢复必须用日志文件，在动态转储方式中必须建立日志文件，并结合后备副本和日志文件对数据库进行有效的恢复，静态转储有时也需要建立日志文件。

记录日志文件遵循两个原则。

① 先来先登记原则：严格按照并发事务执行的时间顺序登记。

② 先写日志文件原则：必须先写日志文件，后写数据库。

三、SQL Server 的数据备份和恢复

尽管系统中采取了种种安全性措施，数据库的破坏依然还是可能发生的。如硬件故障、软件错误、操作失误、人为恶意破坏等。所以数据库管理系统必须具有将被破坏的数据库恢复到某一已知的正确状态的功能，这就是数据库的备份和恢复。

1. 数据备份和恢复

（1）备份和恢复的原因

数据之所以需要备份和恢复是因为数据会由于很多不可预计的原因遭到破坏或丢失。

① 计算机硬件故障。由于使用不当或产品质量等原因，计算机硬件可能会出现故障。

② 软件故障。软件设计上的失误或使用的不当。

③ 病毒。破坏性病毒会破坏软件、硬件和数据。

④ 误操作。误使用了诸如 DELETE、UPDATE 等命令而引起数据丢失或被破坏。

⑤ 自然灾害。如火灾、洪水或地震等。

⑥ 盗窃。一些重要数据可能会遭窃。

备份的目的：以在数据库遭到破坏时能够修复数据库，即进行数据库恢复。

备份的实质：数据库恢复就是把数据库从错误状态恢复到某一正确状态。

（2）备份内容

数据库中数据的重要程度决定了数据恢复是否必要及是否重要，也就是决定了数据是否

备份及如何备份。数据库需备份的内容可分为数据文件（又分为主要数据文件和次要数据文件）、日志文件两部分。其中，数据文件中所存储的系统数据库是确保 SQL Server 系统正常运行的重要依据，无疑，系统数据库必须首先被完全备份。

（3）由谁做备份

SQL Server 中具有下列角色的成员可做备份操作。

① 固定的服务器角色 sysadmin（系统管理员）。

② 固定的数据库角色 db_owner（数据库所有者）。

③ 固定的数据库角色 db_backupoperator（允许进行数据库备份的用户）。

（4）备份介质

备份介质是指将数据库备份到的目标载体，即备份到何处。SQL Server 中，允许使用的备份介质有磁盘和磁带两种。

① 硬盘：是最常用的备份介质。硬盘可以用于备份本地文件，也可以备份网络文件。

② 磁带：是大容量的备份介质，磁带仅可备份本地文件。

（5）限制的操作

SQL Server 在执行数据库备份的过程中，允许用户对数据库继续操作，但不允许用户在备份时执行下列操作。

① 创建或删除数据库文件。

② 创建索引。

③ 不记日志的命令。

（6）何时备份

对于系统数据库和用户数据库，其备份时机是不同的。

系统数据库。当系统数据库 master、msdb 和 model 中的任何一个被修改以后，都要将其备份。master 数据库包含了 SQL Server 系统有关数据库的全部信息，即它是"数据库的数据库"，如果 master 数据库损坏，那么 SQL Server 可能无法启动，并且用户数据库可能因此无效。当 master 数据库被破坏而没有 master 数据库的备份时，就只能重建全部的系统数据库。由于在 SQL Server 中已废止 SQL Server 2000 中的 Rebuildm.exe 程序，若要重新生成 master 数据库，只能使用 SQL Server 的安装程序来恢复。当修改了系统数据库 msdb 或 model 时，也必须对它们进行备份，以便在系统出现故障时恢复作业以及用户创建的数据库信息。

用户数据库。当创建数据库或加载数据库时，应备份数据库。当为数据库创建索引时，应备份数据库，以便恢复时大大节省时间。

当清理了日志或执行了不记日志的 T-SQL 命令时，应备份数据库，这是因为若日志记录被清除或命令未记录在事务日志中，日志中将不包含数据库的活动记录，因此不能通过日志恢复数据。不记日志的命令有以下几个。

① BACKUP LOG WITH NO_LOG。

② WRITETEXT。

③ UPDATETEXT。

④ SELECT INTO。

⑤ 命令行实用程序。

⑥ BCP 命令。

（7）备份方法

SQL Server 中有两种基本的备份：一是只备份数据库，二是备份数据库和事务日志，它们又都可以与完全或差异备份相结合。另外，当数据库很大时，也可以进行个别文件或文件组的备份，从而将数据库备份分割为多个较小的备份过程。

① 完全数据库备份。定期备份整个数据库，包括事务日志。其主要优点是简单，备份是单一操作，可按一定的时间间隔预先设定，恢复时只需一个步骤就可以完成。

若数据库不大，或者数据库中的数据变化很少甚至是只读的，那么就可以对其进行全量数据库备份。

② 数据库和事务日志备份。不需很频繁地定期进行数据库备份，而是在两次完全数据库备份期间，进行事务日志备份，所备份的事务日志记录了两次数据库备份之间所有的数据库活动记录。执行恢复时，需要两步：首先恢复最近的完全数据库备份，然后恢复在该完全数据库备份以后的所有事务日志备份。

③ 差异备份。差异备份只备份自上次数据库备份后发生更改的部分数据库，它用来扩充完全数据库备份或数据库和事务日志备份方法。对于一个经常修改的数据库，采用差异备份策略可以减少备份和恢复时间。差异备份比全量备份工作量小而且备份速度快，对正在运行的系统影响也较小，因此可以更经常地备份。经常备份将减少丢失数据的危险。

④ 数据库文件或文件组备份。这种方法只备份特定的数据库文件或文件组，同时还要定期备份事务日志，这样在恢复时可以只还原已损坏的文件，而不用还原数据库的其余部分，从而加快了恢复速度。

对于被分割在多个文件中的大型数据库，可以使用这种方法进行备份。例如，如果数据库由几个在物理上位于不同磁盘上的文件组成，当其中一个磁盘发生故障时，只需还原发生了故障的磁盘上的文件。文件或文件组备份和还原操作必须与事务日志备份一起使用。

2. SQL Server 的备份和恢复技术

1）准备工作

数据库恢复的准备工作包括系统安全性检查和备份介质验证。

当系统发现出现了以下情况时，恢复操作将不进行。

① 指定的要恢复的数据库已存在，但在备份文件中记录的数据库与其不同。

② 服务器上数据库文件集与备份中的数据库文件集不一。

③ 未提供恢复数据库所需的所有文件或文件组。

恢复时，要确保数据库的备份是有效的，即要验证备份介质。此外还要确定以下内容：备份文件或备份集名及描述信息、所使用的备份介质类型（磁带或磁盘等）、所使用的备份方法、执行备份的日期和时间、备份集的大小、数据库文件及日志文件的逻辑和物理文件名、备份文件的大小。

2）创建备份设备

创建临时备份设备：临时备份设备，顾名思义，就是只作临时性存储之用，对这种设备只能使用物理名来引用。如果不准备重用备份设备，那么就可以使用临时备份设备。

例如，如果只要进行数据库的一次性备份或测试自动备份操作，可以使用临时备份设备。语法格式如下所示。

```
BACKUP DATABASE 数据库名
TO  { DISK | TAPE } = { 备份设备的物理路径 }
```

创建永久备份设备：如果要使用备份设备的逻辑名来引用备份设备，就必须在使用它之前创建备份设备。当希望所创建的备份设备能够重新使用或设置系统自动备份数据库时，就要使用永久备份设备。

创建备份设备的语法格式如下所示。

> Exec sp_addumpdevice '介质类型'，'逻辑名称'，'全路径文件名（物理路径）'

【例 8-37】在本地硬盘上创建一个备份设备。

EXEC SP_ADDUMPDEVICE 'disk', 'bk1', 'E:\bk1.bak'

所创建的备份设备的逻辑名是：mybackupfile。

所创建的备份设备的物理名是：E:\mybackupfile.bak。

【例 8-38】在磁带上创建一个备份设备。

EXEC SP_ADDUMPDEVICE 'tape', 'bk2', ' e:\\.\bk2'

3）备份整个数据库

语法格式如下所示。

> BACKUP DATABASE 数据库名 TO 备份设备

【例 8-39】使用逻辑名 test1 在 E 盘中创建一个命名的备份设备，并将学生成绩数据库完全备份到该设备中。

EXEC SP_ADDUMPDEVICE 'disk' , 'test1', 'E:\test1.bak'

BACKUP DATABASE 学生成绩 TO test1

4）差异备份数据库

对于需频繁修改的数据库，进行差异备份可以缩短备份和恢复的时间。只有当已完全备份了数据库后才能执行差异备份。

> BACKUP DATABASE 数据库名
>
> TO 备份设备
>
> WITH DIFFERENTIAL --表明备份是差异备份。

执行差异备份时需注意下列几点。

① 若在上次完全数据库备份后，数据库的某行被修改了，则执行差异备份只保存最后依次改动的值；

② 为了使差异备份设备与完全数据库备份设备能区分开来，应使用不同的设备名。

【例 8-40】创建临时备份设备并在所创建的临时备份设备上进行差异备份。

BACKUP DATABASE 学生成绩 TO

DISK ='E:\bk1.bak' WITH DIFFERENTIAL

5）使用 RESTORE 语句进行数据库恢复

当存储数据库的物理介质被破坏，或整个数据库被误删除或被破坏时，就要恢复整个数据库。恢复整个数据库时，SQL Server 系统将重新创建数据库及与数据库相关的所有文件，并将文件存放在原来的位置。

【例 8-41】使用 RESTORE 语句从一个已存在的命名备份介质学生成绩 BK1（假设已经创建）中恢复整个数据库学生成绩。

BACKUP DATABASE 学生成绩 TO 学生成绩 BK1

RESTORE DATABASE 学生成绩

FROM 学生成绩 BK1 WITH FILE=1, REPLACE

6）可视化方式进行备份恢复

（1）备份数据库

第一步，启动 SQL Server Management Studio，在"对象资源管理器"中选择"管理"，右击，如图 8-18 所示，在弹出的快捷菜单上选择"备份"。

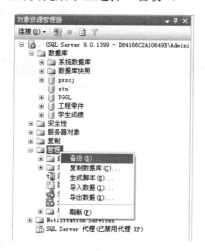

图 8-18　在"对象资源管理器"中选择备份功能

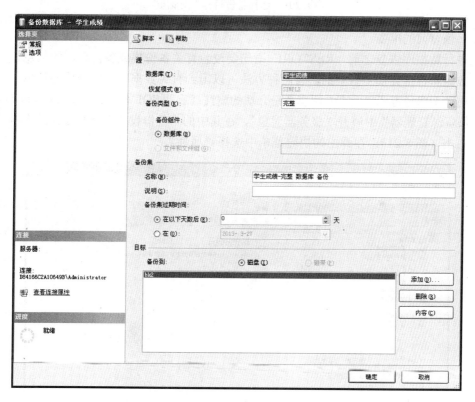

图 8-19　"备份数据库"对话框

　　第二步，在打开的"备份数据库"窗口（图 8-19）中设置要备份的数据库名，如学生成绩；在"备份类型"栏选择备份的类型，有 3 种类型：完整、差异、事务日志。

　　第三步，选择了数据库之后，窗口最下方的目标栏中会列出与学生成绩数据库相关的备份设备。可以单击"添加"按钮在"选择备份目标"对话框中选择另外的备份目标（即命名的备份介质的名称或临时备份介质的位置），有两个选项："文件名"和"备份设备"。选择"文件名"，单击后面的按钮，找到 E 盘的 backup1.bak 文件，如图 8-20 所示，选择完后单击"确定"按钮，保存备份目标设置。当然，也可以选择"备份设备"选项，然后选择备份设备的逻辑名来进行备份。

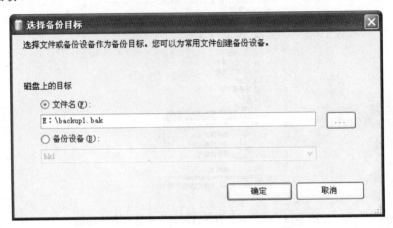

图 8-20 "选择备份目标"对话框

（2）恢复前的准备

在进行数据库恢复之前，RESTORE 语句要校验有关备份集或备份介质的信息，其目的是确保数据库备份介质是有效的。有两种方法可以得到有关数据库备份介质的信息。

使用图形向导方式界面查看所有备份介质的属性：启动 SQL Server Management Studio→在"对象资源管理器"中展开"服务器对象"，在其中的"备份设备"里面选择欲查看的备份介质，右击（图 8-21），在弹出的快捷菜单中选择"属性"。

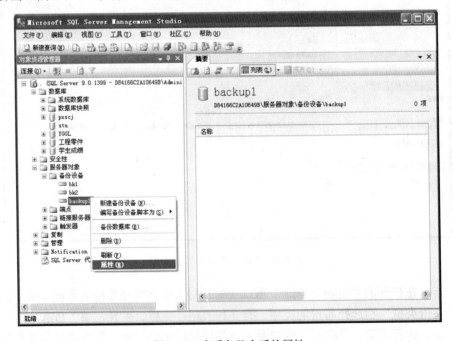

图 8-21 查看备份介质的属性

在打开的"备份设备"窗口中单击"媒体内容"选项页，如图 8-22 所示，将显示所选备份介质的有关信息，例如备份介质所在的服务器名、备份数据库名、备份类型、备份日期、到期日及大小等信息。

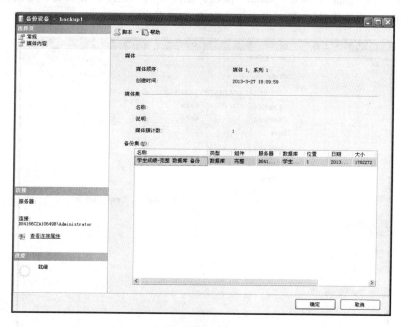

图 8-22　查看备份介质的内容并显示备份介质的信息

（3）恢复数据库

使用图形向导方式恢复数据库的主要过程如下。

第一步，启动 **SQL Server Management Studio**→在"对象资源管理器"中展开"数据库"→选择需要恢复的数据库。

第二步，如图 8-23 所示，选择"学生成绩"数据库，右击，在弹出的快捷菜单中选择"任务"，在弹出的"任务"子菜单中选择"还原"，在弹出的"还原"子菜单中选择"数据库"菜单项，进入"还原数据库-学生成绩"窗口。

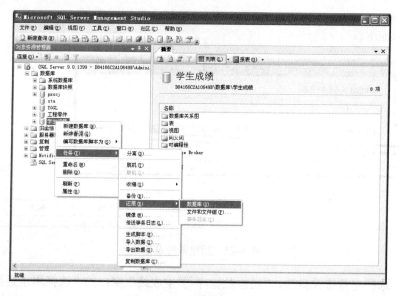

图 8-23　选择还原数据库

第三步，如图 8-24 所示，单击"源设备"后面的按钮，在打开的"指定备份"窗口中选择备份媒体为"备份设备"，单击"添加"按钮。在打开的"选择备份设备"对话框中，在"备份设备"栏的下拉菜单中选择需要指定恢复的备份设备。

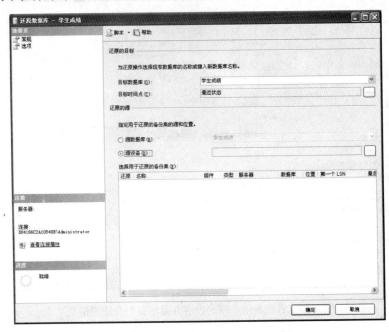

图 8-24 还原数据库的"常规"选项卡

如图 8-25 所示，单击"确定"按钮，返回"指定备份"窗口，再单击"确定"按钮，返回"还原数据库-学生成绩"窗口。

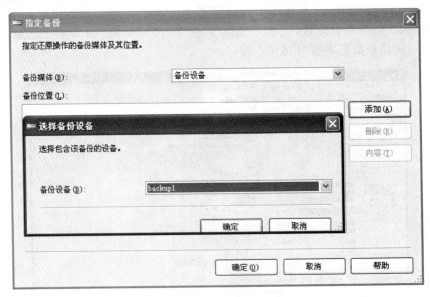

图 8-25 指定备份设备

第四步，选择完备份设备后，"还原数据库-学生成绩"窗口的"选择用于还原的备份集"栏中会列出可以进行还原的备份集，在复选框中选中备份集，如图 8-26 所示。

图 8-26　选择备份集

第五步，在如图 8-26 所示的窗口中单击最左边"选项"选项页，在"选项"选项页中勾选"覆盖现有数据库"项，如图 8-27 所示，单击"确定"按钮，系统将进行恢复并显示恢复进度。

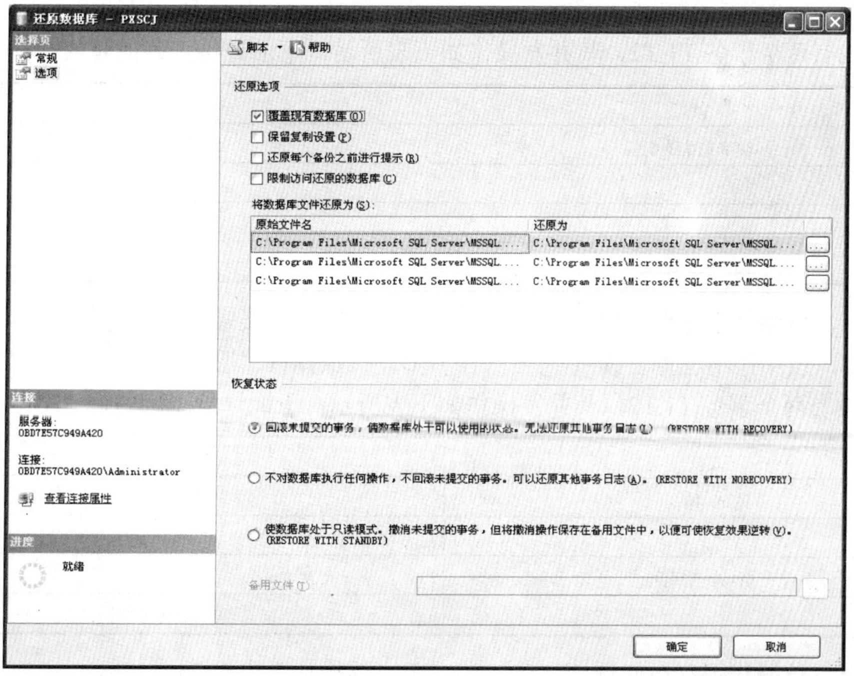

图 8-27　还原数据库

习 题

一、填空题

（1）SQL Server 有两种安全认证模式，即＿＿＿＿＿＿＿安全认证模式和＿＿＿＿＿＿安全认证模式。

（2）SQL Server 安装好以后，只有 2 个已经创建的用户：＿＿＿＿＿＿＿和 BULTIN/administrators，它们都是超级用户，对数据库拥有一切权限。

（3）数据库的完整性是指数据的＿＿＿＿＿和＿＿＿＿＿。

（4）按数据库状态，数据转储分为＿＿＿＿＿和＿＿＿＿＿。

（5）按数据转储方式，数据转储分为＿＿＿＿＿和＿＿＿＿＿。

二、单项选择题

（1）日志文件用于记录（　　）。

    A．程序运行过程　　　　　　　B．数据操作

    C．程序运行结果　　　　　　　D．对数据的更新操作

（2）SQL 中 COMMIT 语句的主要作用是（　　）。

    A．终止程序　　B．中断程序　　C．事务提交　　D．事务回退

（3）SQL 中 ROLLBACK 语句的主要作用是（　　）。

    A．终止程序　　B．中断程序　　C．事务提交　　D．事务回退

（4）在数据库系统中，对存取权限的定义称为（　　）。

    A．命令　　　B．授权　　　C．定义　　　D．审计

（5）设有两个事务 T1,T2，其并发操作如下表所示，下面评价正确的是（　　）。

T1	T2
读 A=10,B=5	
	读 A=10,
	A=A*2 写回
读 A=20,B=5	

    A．该操作不存在问题　　　　　B．该操作丢失修改

    C．该操作不能重复读　　　　　D．该操作读"脏"数据

（6）设有两个事务 T1,T2，其并发操作如下表所示，下面评价正确的是（　　）。

T1	T2
读 A=10	
	读 A=10
A=A-5 写回	
	A=A-8 写回

    A．该操作不存在问题　　　　　B．该操作丢失修改

    C．该操作不能重复读　　　　　D．该操作读"脏"数据

（7）设有两个事务 T1,T2，其并发操作如下表所示，下面评价正确的是（　　）。

T1	T2
读 A=10	
A=A*2 写回	
	读 A=20
ROLLBACK	
恢复 A=10	

    A．该操作不存在问题   B．该操作丢失修改

    C．该操作不能重复读   D．该操作读"脏"数据

（8）若事务 T 对数据对象 A 加上 S 锁，则（　　）。

    A．事务 T 可以读 A 和修改 A，其他事务只能再对 A 加 S 锁，而不能加 X 锁

    B．事务 T 可以读 A 但不能修改 A，其他事务能对 A 加 S 锁和 X 锁

    C．事务 T 可以读 A 但不能修改 A，其他事务只能再对 A 加 S 锁，而不能加 X 锁

    D．事务 T 可以读 A 和修改 A，其他事务能对 A 加 S 锁和 X 锁

（9）若事务 T 对数据对象 A 加上 X 锁，则（　　）。

    A．事务 T 可以读 A 和修改 A，其他事务不能对 A 加 X 锁

    B．事务 T 可以修改 A，其他事务不能对 A 加 X 锁

    C．事务 T 可以读 A 和修改 A，其他事务都不能再对 A 加任何类型的锁

    D．事务 T 修改 A，其他事务都不能再对 A 加任何类型的锁

（10）数据库中的封锁机制是（　　）的主要方法。

    A．安全性   B．完整性   C．并发控制   D．恢复

（11）对并发操作如果不加以控制，可能会带来数据的（　　）问题。

    A．不安全   B．死锁   C．死机   D．不一致

（12）DB 的转储属于 DBS 的（　　）。

    A．安全性措施   B．完整性措施   C．并发控制措施   D．恢复措施

（13）以下关于 SQL Server 安全体系说法错误的是（　　）。

    A．访问一个自定义数据库的前提条件是首先成为该数据库的用户

    B．成为某数据库的用户之后就可以对数据库中的所有对象进行操作

    C．系统管理员能够访问任何一个数据库

    D．使用角色能够大大减少管理员设置权限的工作量

三、简答题

（1）简述数据库的保护功能包括哪几个方面。

（2）什么是数据库的安全性？

（3）什么是数据库的完整性？

（4）简述安全性措施和完整性措施有何联系和区别。

（5）简述事务的定义和事务的特征。

（6）数据库的并发操作通常会带来哪三方面的问题？用什么方法来避免这些不一致的情况？

（7）为什么要进行数据库转储？建立备份数据最常用的技术是什么？

四、语法题

现有两个关系模式：

职工（职工号，姓名，年龄，职务，工资，部门号）；

部门（部门号，名称，经理名，地址，电话）；

请用 SQL 的 GRANT 和 REVOKE 语句（加上视图机制），完成以下功能。

（1）将修改表结构的权限授予 USER1，USER2；

（2）将查询和删除两个表记录的权限授予 USER1，并且 USER1 可以把权限授予其他人；

（3）使所有的用户能够在部门表中插入数据，并能更新工资字段；

（4）使 USER2 能够查询职工的最高工资，最低工资和平均工资；

（5）收回 USER1 对部门表的所有权限（读、插、改、删数据）；

五、思考题

假设存款余额 $x=1000$ 元，甲事务取走存款 300 元，乙事务取走存款 200 元，其执行时间如下，如何实现这两个事务的并非控制？

事务甲	事务乙
读 x	
	读 x
更新 x=x-300	
	更新 x=x-200

第九章 数据库技术的新发展

>>【知识目标】

- 了解新一代数据库系统及应用；
- 了解数据库技术的几个重要的新技术及其应用领域；
- 了解数据库技术在移动终端上的应用。

>>【能力目标】

- 能解释各种新数据库技术及其应用领域；
- 了解数据库技术在移动终端上的应用。

第一节 新一代数据库系统及应用

随着计算机应用领域的迅速扩展，数据库的应用领域也在不断扩大。20 世纪 80 年代以来，国内外出现了大量的新一代数据库应用，如工程设计与制造、软件工程办公室自动化、实时数据管理、科学与统计数据管理等。由于层次、网络和关系数据库系统的设计目标源于商业事务处理，它们面对层出不穷的新一代数据库应用显得力不从心。新一代数据库应用迫使人们开始了新一代数据库系统的研究。从 80 年代到现在，新一代数据库系统的研究取得了很大的成绩，大量的数据库新技术已经和正在出现。本节介绍几种主要的新一代数据库应用。

1. **工程设计与制造**

20 世纪 80 年代以来，计算机辅助工程设计与制造引起了人们的极大兴趣。计算机领域和其他工程技术领域的科技工作者已经开展了大量的研究工作，取得了丰硕的研究成果。计算机已经广泛用于工程设计与制造业。计算机辅助工程设计与制造过程要求高效率地管理设计信息和制造信息。目前，人们正在研究如何把这些领域集成化。这些领域的集成将要求相应信息的集成化管理。这就要求数据库管理系统对产品生产的不同阶段提供相适应的信息表示和数据处理能力，有效地支持如下的数据库应用。

① 市场预测与销售管理；

② 产品规划、生产管理、投资决策和成本合算；

③ 产品设计与工程实施计划、原材料需求分析与规划；

④ 产品制造的计划和管理；

⑤ 制造过程的自动控制。

数据库的标准化特点可以有效地支持工程设计和制造各领域的集成。

2. **办公自动化系统**

办公自动化是发展最快的信息系统应用领域。办公工作可以分为两大类。一类是一般性事务处理工作，如档案管理、文件处理等。这类工作的规律性比较强，容易由计算机自动完成。另一类办公工作比较复杂，具有较高的创造性和智能性，比如高层次的管理、国际金融交易、制定方针与政策等。这类工作需要决策支持系统的帮助。办公自动化系统的核心是办公信息系统。数据库技术对办公信息系统具有很大影响。办公信息系统对数据库管理系统也提出了很多新的要求。

3. 决策支持系统

决策支持系统的目的是为各种管理人员提供决策支持服务。决策支持服务的方式主要有如下 4 种。

① 完成分析对各种数据进行加工处理，为制定决策提供具有较高抽象级别的参考信息。

② 控制系统的状况确定和评价决策支持系统自身状态，把任何需要引起注意的意外情况都需要通知有关的用户，引起他们的注意。

③ 提供决策支持系统的目的是供管理人员考虑分析多种可选择决策，根据存储的知识和模型进行优化处理，做出明智的选择，制定优化的决策。

④ 支持组织机构的改变支持组织机构的重构或信息的改变。在改变发生时，系统必须能够保持正常工作。

目前，大多数决策支持系统都是以数据库管理系统为核心而设计的。这种决策支持系统的例子很多，限于篇幅，本书不详细介绍。

4. 科学与统计数据管理

统计数据库存储用于统计分析的数据，如人口统计数据、工业统计数据等。统计数据库在社会经济、商业金融、医疗卫生、科学研究、制造业、国防等各领域都有重要的应用，是很多决策支持系统的重要基础。科学数据库中的信息是科学实验或模拟的结果，如地震数据、科学实验数据等，科学数据与统计数据有着类似的结构和类似的应用目的。所以，人们通常把两者放在一起来研究，并统称为 SSR 科学与统计数据库。

第二节　扩展的关系数据库系统

一、基于逻辑的关系数据库系统

基于逻辑的关系数据库系统是基于逻辑数据模型的数据库系统。逻辑数据模型是关系数据模型的扩充，但仍然保持关系模型的本质。基于逻辑的关系数据库系统的一种查询语言是 Datalog。Datalog 语言是一种基于一阶逻辑的非过程查询语言，与关系代数一样，所有 Datalog 操作的结果都是关系。用 Datalog 语言可以实现各种关系代数操作。

二、基于嵌套关系模型的关系数据库系统

我们在第六章定义了关系的第一范式（1NF）。1NF 要求关系的每个属性的值域都是原子数据的集合（简称原子值域），即每个属性是不可再分的最小数据单位。例如，整数值域是一个原子值域。整数集合的集合不是原子值域。一个值域是否是原子值域不是绝对的。在整数不可再分的假定下，整数值域才是原子值域。如果我们把一个整数视为十进制数字的有序表，则整数值域不再是原子值域。所以，一个值域是否原子值域不在于值域本身，而在于我们在数据库中如何使用值域中的数据。

在关系数据库系统的研究和开发中，人们一直假定关系至少都具有 1NF。目前所有的关系数据库系统产品都假定关系至少具有 1NF。新一代数据库应用中的数据往往都很复杂，难以使用 1NF 关系模式模型化。

嵌套关系模型是关系模型扩展。嵌套关系模型中的关系可以不是 1NF，即关系的属性值

域可以是原子值域，也可以是关系的集合（不是原子值域）。于是，关系元组的一个属性值可以是一个关系，即关系嵌套在关系中。一个嵌套关系的一个元组可以表示一个复杂对象。

三、专家数据库系统

专家数据库系统的结构类似于人工智能专家系统。二者的基本区别在于数据库的使用而不是仅仅使用主存信息。

专家数据库系统最简单的形式是一个标准数据库系统和一个标准专家系统的组合。专家系统用数据库查询语言提出查询，等待来自数据库的回答。尽管这种专家数据库系统容易实现，但这并不是优化的系统。这是因为知识库的规则在数据库查询处理过程中得不到利用。进一步，专家系统经常提出多个查询的序列，但数据库系统不会利用查询间联系或关系，而是独立地处理每一个查询。

由于专家系统和数据库系统之间这种结合的低效性，人们提出了很多数据库系统与专家系统相结合的方法，主要包括以下几种。

① 把规则处理需要的数据库内容装入专家系统。数据库本身与专家系统分离，独立存储。

② 在专家系统内实现一个数据库系统。

③ 把提交给专家系统的逻辑查询翻译成关系代数表达式，传递给数据库系统，进行优化处理和执行。

数据库管理系统和专家系统的结合是一个迅速发展的研究领域。

第三节　面向对象的数据库系统

一、面向对象的数据模型

面向对象是一种新的程序设计方法学，也是一种认知方法学。面向对象程序设计方法所支持的封装、继承等特性提供了同时表示、同时管理程序和数据的统一框架，数据库研究人员借鉴和吸收了面向对象的方法和技术，提出了面向对象数据模型（简称对象模型），把面向对象方法和数据库技术结合起来产生了面向对象数据库系统。

面向对象数据库的本质构件是面向对象数据模型。按照面向对象程序设计方法进行对数据建模并做出语义解释，就可得到面向对象数据模型。面向对象数据模型吸收了面向对象程序设计方法中核心概念和基本方法，其要点是采用面向对象观点来描述现实世界中的实体（对象）逻辑结构和对象之间联系与限制。

一般数据模型分为数据结构、数据操作和数据完整性约束，面向对象数据模型也不例外。面向对象数据模型的基本结构组件是对象和类。数据结构实际上就是数据相互之间的逻辑关系。面向对象数据结构主要表现在类之间的继承关系和复合关系。继承联系和组合联系的基本作用是通过已知类定义新的类。在面向对象数据模型中，数据操作分为两个部分，一个部分封装在类之中称之为方法，另一部分是类之间相互沟通的操作称之为消息。因此，面向对象数据模型上的数据操作就是方法和消息。

二、面向对象的数据库管理系统

数据库管理系统是任何一个数据库的中枢系统，面向对象数据库管理系通常应当满足下述要求。

① 支持面向对象的数据模型。

② 提供面向对象的数据库语言。

③ 提供面向对象数据库管理机制。

④ 同时具有传统数据库的管理能力。

面向对象数据库管理系统由类管理、对象管理和对象控制等 3 个部分组成。

① 类管理。用于对类定义和类操作进行管理，利用类来描述复杂的对象。

② 对象管理。对象管理又称为实例管理，主要完成对类中对象的操作管理，利用类中的封装的方法来模拟对象的复杂行为。

③ 对象控制对象控制具有传统数据库中数据控制功能，但也补充了一些新的内容。整体上来说，对象控制包括如下一些基本点：完整性约束条件及检验，安全性表示与检查，并发控制与事务处理，故障恢复，利用继承性来实现对象的结构和方法的重用等。

正是由于 OODBMS 的上述特性，使得其在一些特定应用领域（如 CAD、GIS 等），能较好地满足其应用需求。当然，这种纯粹的面向对象数据库系统并不支持 SQL，在通用性方面失去了优势，因此其应用领域也受到一定限制。

第四节　分布式数据库系统

20 世纪 70 年代中期以来，由于计算机网络通信的迅速发展，以及地理上分散的大公司、企业、团体和组织对数据库更为广泛应用的需求，在集中式数据库系统成熟的基础上产生和发展了分布式数据库系统。分布式数据库系统是数据库技术和网络技术两者相互结合和有机结合的结果。经过 20 多年的发展，分布式数据库已经发展得相当成熟，推出了很多实用化系统，如 System R、分布式 INGRES、SQL*STAR、SQL Replication Server 等，分布式数据库系统比集中数据库系统复杂得多。以下简要介绍分布式数据库的设计及分布式数据库系统的体系结构。

一、分布式数据库设计概述

分布式数据库系统是建立在计算机网络基础上管理分布式数据库的数据库系统。分布式数据库是分布在计算机网络上的多个逻辑相关的数据集合。"分布在计算机网络上"和"逻辑相关"是分布式数据库的两个基本要点。它强调了分布式数据库存储在计算机网络的不同结点上，但它们在逻辑上又是一个整体。分布式数据库具有如下两个特点。

（1）逻辑整体性

分布式数据库不是分布在计算机网络结点上孤立文件的集合。分布式数据库的各数据文件具有逻辑联系和相关结构，是一个逻辑整体，可以通过一个公共界面去访问，能够有效地支持存取多个结点上的数据库的全局应用。逻辑整体性是分布式数据库的重要特征。

（2）分布性

分布式数据库的"数据分布"有两层含义。一是指系统中的文件不都存储在同一结点，各文件分布在多个结点。二是指各结点都具有独立的数据库处理能力（结点自治或局部自治），能够有效地支持仅存取本结点数据库的局部应用。

二、分布式数据库系统的体系结构

集中式数据库的结构是一种三级模式结构，由外模式、模式和内模式组成。分布式数据库系统的结构则由局部内模式（LIS），局部概念模式（LCS）、全局概念模式（GCS）和外模式（ES）四级构成。

局部内模式和局部概念模式是各结点上的局部数据库模式结构，它与集中式数据库的三级模式结构中的内模式和概念模式相同。

全局概念模式是所有局部概念模式的集成，是整个分布式数据库的概念模式，定义了分布式数据库系统中所有数据的整体逻辑结构。全局概念模式是所有全局应用的公共数据视图。全局概念模式中所用的数据模型应该易于映像到局部概念模式，通常使用关系模型。为简单起见，我们只讨论使用关系模型的分布式数据库系统。这样，全局概念模式就是一组全局关系的定义。

外模式是全局应用的用户视图，是全局概念模式的子集。

四层模式之间的对应和变换由 3 个映像来实现。外模式与全局概念模式之间的对应和变换由外模式与全局概念模式映射定义和实现。当全局概念模式改变时，只需要由 DBA 修改外模式与全局概念模式映射，而全局外模式可以保持不变。全局概念模式与局部概念模式之间的对应和变换由全局概念模式与局部概念模式映射定义和实现。当局部概念模式改变时，只需要由 DBA 修改全局概念模式与局部概念模式映射，而全局概念模式可以保持不变。局部概念模式与局部内模式之间的对应和变换由局部概念模式与局部内模式映射定义和实现。当局部内模式改变时，只需要由 DBA 修改局部概念模式与局部内模式映射，而局部概念模式可以保持不变。

第五节　数据仓库与联机分析处理技术

一、数据仓库的概念及特点

"什么是数据仓库？"这恐怕是每一个刚刚开始接触数据仓库的技术人员都会提出的一个问题。有人认为数据仓库就是一个大的数据库，也有人认为数据仓库是一项数据管理和分析的技术。这些定义都从一定的侧面反映了数据仓库的概念，但并不全面。

目前，业界公认的数据仓库定义是由数据仓库之父 W. H. Inmon 在《Building the Data Warehouse》一书中给出："数据仓库是面向主题的、集成的、随时间变化的、稳定的数据集合，用以支持管理中的决策制定过程。"数据仓库定义实际包含了数据仓库的以下 4 个特点。

（1）数据仓库是面向主题的

它是与传统数据库面向应用相对应的。主题是一个在较高层次将数据归类的标准，每一个主题基本对应一个宏观的分析领域。"主题"在数据仓库中是由一系列表实现的。也就是说，依然是基于关系数据库的。

（2）数据仓库是集成的

由于操作型数据与分析型数据存在着很大的差别，而数据仓库的数据又来自于分散的操作型数据，因此必须先将所需数据从原来的数据库数据中抽取出来，进行加工与集成、统一与综合之后才能进入数据仓库。

（3）数据仓库是不可更新的

它反映的是历史数据的内容，而不是处理联机数据。因而，数据经集成进入数据库后是极少或根本不更新的。

（4）数据仓库是随时间变化的

它表现在以下几个方面:首先，数据仓库内的数据时限要远远长于操作环境中的数据时限。前者一般在 6～10 年，而后者只有 60～90 天。数据仓库保存数据时限较长是为了适应 DSS 进行趋势分析的要求。其次，操作环境包含当前数据，即在存取一刹那是正确有效的数据。而数据仓库中的数据都是历史数据。最后，数据仓库数据的码键都包含时间项，从而标明该数据的历史时期。

传统的数据库作为数据管理的手段，主要面向一个或一组记录的查询和修改，为企业的特定应用服务，人们关心的是响应时间、数据的安全性和完整性。为此要求数据库提供完善的数据锁、事务日志和并发控制等机制，以便安全可靠地处理具体业务。

二、数据仓库与数据库的关系及比较

数据仓库是在数据库基础之上发展起来的，数据仓库的作用就是为复杂的数据分析和高层决策提供支持。尽管现有的数据仓库大多还是采用传统的关系数据库或改进后的关系数据库来实现，但由于两者面向的应用截然不同，因此不管是在数据模型的设计上还是在数据的物理组织上都存在着相当大的差异，见表 9-1。

表 9-1　数据仓库与数据库的对比表

对比内容	数 据 仓 库	数 据 库
数据目标	分析应用	面向业务操作程序、重复处理
数据内容	历史的、综合的、提炼的数据	当前细节数据
数据特征	相对稳定	动态更新
数据组织	面向主题	面向应用
数据有效性	代表历史的数据	存取时准确
访问特点	分析驱动（访问路径灵活多变）	事务驱动（访问路径相对固定）
数据访问量	一次操作数据量大	一次操作数据量小
使用频率	中到低	高
响应时间要求	数秒或数分钟以上	秒级

三、联机分析处理技术

有了数据就如同有了矿藏，而要从大量数据中获得决策所需的数据就如同采矿一样，必须要有工具。仅拥有数据仓库，而没有高效的数据分析工具，就只能望"矿"兴叹。20 世纪 80 年代，随着数据库技术的发展开发了一整套以数据库管理系统（DBMS）为核心的第四代开发工具产品，如 FORMS，REPORTS，MENUS，GRAPHICS 等。这些第四代开发工具有效地帮助了应用开发人员快速建立数据库应用系统，使数据库获得了广泛的应用，有效地支持 OLTP 应用，人们从中认识到，仅有引擎（DBMS）是不够的，工具同样重要数据分析工具的迅速发展正是得益于这一经验。

联机分析处理（OLAP）应用是完全不同于与联机事务处理（OLTP）的一类应用。从 1951 年 W. H. Inmon 提出 DW 概念到 E. F. Codd 于 1993 年提出 OLAP 概念仅仅两年，而 OLAP 工具的推出则几乎与 OLAP 概念同时，人们十分清醒地认识到仅有 DW 是不够的，OLAP 分析工具更加重要。

E. F. Codd 在 "Providing OLAP to User-Analysts" 一文中完整地定义了 OLAP 的概念，多维分析的概念，并给出了数据分析从低级到高级的 4 种模型，以及 OLAP 的 12 条准则，这些都对 OLAP 技术的发展、产品的功能产生了重大影响。短短的几年，OLAP 技术发展迅速，产品越来越丰富。它们具有灵活的分析功能，直观的数据操作和可视化的分析结果表示等突出优点，从而使用户对基于大量数据的复杂分析变得轻松而高效。

在 OLAP 中，特别应指出的是多维数据视图的概念和多维数据库（MDB）的实现。维是人们观察现实世界的角度，决策分析需要从不同的角度观察分析数据，以多维数据为核心的多维数据分析是决策的主要内容。早期的决策分析程序中分析方法和数据结构是紧密捆绑在一个应用程序当中的，因此，对数据施加不同的分析方法就十分困难了。多维数据库则是以多维方式来组织数据。这一技术的发展使决策分析中数据结构和分析方法相分离，这才可能研制出通用而灵活的分析工具，才使分析工具的产品化成为可能。

目前 OLAP 工具可分为两大类一类是基于多维数据库的，一类是基于关系数据库的。两者相同之处是基本数据源仍是数据库和数据仓库，是基于关系数据模型的，向用户呈现的也都是多维数据视图。不同之处是前者把分析所需的数据从数据仓库中抽取出来物理地组织成多维数据库，后者则利用关系表来模拟多维数据，并不是物理地生成多维数据库。

第六节　其他数据库新技术

一、多媒体数据库技术

媒体是信息的载体。多媒体是指多种媒体，如数字、正文、图形、图像和声音的有机集成，而不是简单的组合。其中数字、字符等称为格式化数据，文本、图形、图像、声音、视频等称为非格式化数据，非格式化数据具有大数据量、处理复杂等特点。多媒体数据库（Multimediadata Base）实现对格式化和非格式化的多媒体数据的存储、管理和查询，其主要特征如下。

① 多媒体数据库应能够表示多种媒体的数据。非格式化数据表示起来比较复杂，需要根据多媒体系统的特点来决定表示方法。如果感兴趣的是它的内部结构，且主要是根据其内部特定成分来检索，则可把它按一定算法映射成包含它所有子部分的一张结构表，然后用格式化的表结构来表示它。如果感兴趣的是它本身的内容整体，要检索的也是它的整体，则可以用源数据文件来表示它，文件由文件名来标记和检索。

② 多媒体数据库应能够协调处理各种媒体数据，正确识别各种媒体数据之间在空间或时间上的关联。例如，关于乐器的多媒体数据包括乐器特性的描述、乐器的照片、利用该乐器演奏某段音乐的声音等，这些不同媒体数据之间存在着自然的关联，比如多媒体对象在表达时必须保证时间上的同步特性。

③ 多媒体数据库应提供比传统数据管理系统更强的适合非格式化数据查询的搜索功能。例如，可以对 Image 等非格式化数据作整体和部分搜索。

④ 多媒体数据库应提供特种事务处理与版本管理能力。

二、时态数据库技术

简单地说，时态数据库是包含历史数据或同时也包含当前数据的数据库。自从 20 世纪 70 年代中期以来人们就一直在研究时态数据库。一些极端的观点认为在这种数据库中只会进行数据插入，而从不删除或更新，数据库中只有历史数据。另外一种极端的观点认为它是一种快照式数据库，只包含当前数据，而且只是当数据不正确时才会进行删除或更新（换句话说，快照式数据库就是人们通常所指的数据库，而根本不是时态数据库）。

目前时态数据库还没有像如 Oracle、SQL Server 等大型关系数据库那样的产品。在当前时态数据库技术尚未完全成熟的现状下，DBMS 提供商不会轻易把时态处理功能引入现有的 DBMS 中，因此，利用成熟的 RDBMS 数据库，建立时态数据库的中间件，在现阶段是一个较好的选择，因此 TimeDB 和 TempDB 就应运而生了。

时态数据库的特点当然就是时间，因此，对时态数据库的研究大多是对时间本质的研究。

三、移动数据库技术

一般认为，移动数据库是分布式数据库的推广，因此，传统分布式数据库的一些技术可以直接用于移动数据库中。但是，它们之间还是在某些方面存在一些关键的差异。例如，一个主要的差别是：分布式数据库的目标是位置透明的，而移动数据库的目标位置是不透明的。另一个差别是两种数据库技术不同的代价/性能比，这使得分布式数据库中许多问题的最佳解决方案在移动计算环境中反而是不可用的。其他差别还体现在应用程序开发、事务处理、故障恢复、查询处理和名字解析等方面。

移动数据库的特点有：微小内核结构。对标准 SQL 的支持，事务管理功能，完善的数据同步机制，支持多种连接协议，完备的移动数据库的管理功能，支持多种嵌入式操作系统等。而这些特点中，移动数据库的主要关键技术有复制与缓存技术、移动用户管理及位置相关查询、数据广播、移动查询处理、移动事务处理和 Agent 技术等，此外，还包括诸如省电查询优化、安全和人机界面等其他一些技术。

现有的几种商用移动数据库：Sybase SQL Anywhere Studio，Oracle Lite，IBM DB2 Everyplace，OpenBase Mini 等。

目前移动数据库主要有以下一些典型应用：公共信息发布，实时数据采集，数字战场，位置相关查询等。移动数据库的应用将会越来越广泛。

四、主动数据库技术

主动数据库（Active data base）是相对于传统数据库的被动性而言的。许多实际的应用领域，如计算机集成制造系统、管理信息系统、办公室自动化系统中常常希望数据库系统在紧急情况下能根据数据库的当前状态，主动适时地做出反应执行某些操作，向用户提供有关信息。传统数据库系统是被动的系统，它只能被动地按照用户给出的明确请求执行相应的数据库操作，很难充分适应这些应用的主动要求，因此在传统数据库基础上，结合人工智能技术和面向对象技术提出了主动数据库。

主动数据库的主要目标是提供对紧急情况及时反应的能力，同时提高数据库管理系统的模块化程度。主动数据库通常采用的方法是在传统数据库系统中嵌入 CA(即事件条件动作)规则，在某一事件发生时引发数据库管理系统去检测数据库当前状态，看是否满足设定的条件，若条件满足，便触发规定动作的执行。

主动数据库是目前数据库技术中一个活跃的研究领域，近年来的研究已取得了很大的成果当然，但还有许多概念尚不成熟，不少技术问题还有待进一步研究解决。

五、数据流技术

随着网络技术的发展，越来越多的数据正以数据流的形式存在于各式各样的网络系统中，同时以数据流处理为中心的应用也越来越多，如金融服务、电子商务、网络监控和安全、电信数据管理、Web 应用、生产制造和传感检测等。与传统数据形式不同，数据流是指一系列有序点组成的序列，是实时的、连续的、有序的数据序列。通常的处理方式是以固定次序对序列中的数据进行线性扫描，由于数据频繁的变化，一般只能对数据进行一次读取。由于数据对象查询方式的显著变化，需要一种新的数据模型和查询检索规范来分析和管理数据流信息，于是数据流管理系统（DSMS）就应运而生。

数据流管理系统（DSMS）的处理对象是动态变化的数据流，数据流上执行的查询是连续查询，这种查询随着数据流的到来不断产生查询结果，要求很高的实时性，动态的查询计划，数据存储和处理都在有限的主存中进行，过期的历史数据也不予保存。DSMS 是一种新的处理数据信息的思路，在技术上涉及一系列当代数据库技术，它具有强大的数据流建模和管理能力，随着对于数据流处理需求的日益增多，数据流管理系统在越来越多的领域中有所应用。

由于数据流管理系统是一种新兴的技术，发展还很不完善，也存在一些需要解决的问题。例如，由于数据流本身的数据量是巨大的，在这之上的一个查询要想得到一个确切的答案，对内存就有很大的需求，而传统的数据库管理系统又不适合用于数据流，不支持连续查询和实时性的要求，因此需要用优化的算法将数据控制在内存范围内，尽量避免对外存的访问。

六、基于 Web 数据库的访问技术

随着 Internet 规模和用户的不断增加，Internet 上的各种应用进一步得到开拓。Internet 成为资源共享，数据通信和信息查询的重要手段。数据库技术经过几十年的发展也日益成熟起来，丰富的数据模型和强大的数据管理功能，支持各类新的应用要求，Internet 用户对信息的实时性、交互式、动态访问的需求日益增长。解决这一问题的方法之一就是将 Web 技术与数据库技术相互渗透，相互结合。

1. Web 数据库体系结构

Web 数据库系统是建立在浏览器/服务器（B/S）模型上的。该模式在 TCP/IP 的支持下，以 HTTP 为传输协议，客户端通过浏览器访问 WEB 服务器以及与之相连的后台数据库。WWW 浏览器负责信息显示与向服务器发送 HTTP 请求。Web 服务器介于 Web 浏览器与数据库服务器之间，负责接收用户服务，并作出响应。服务器将数据传送至要被处理的脚本或应用程序，并在数据库中查询数据或将数据投递到数据库中。最后，服务器将返回结果插入到HTML 页面，传送至客户端以响应用户。从而实现在 Internet 的环境下对数据库的访问操作。使得 Internet 中的信息更丰富、使用更简便。

2. Web 数据库访问技术

Web 数据库的访问一般有 3 种方法：一种是基于 Web 的中间件技术，在这种结构下，有许多中间件方案可以选择，公共网关接口（CGI），Web 应用程序编程接口（Web API），ASP，JSP，JavaServlet 等。这种方法是采用 Web 服务器端提供中间件来连接 Web 服务器与数据库服务器，中间件完成对数据库的访问，结果再由 Web 服务器返回给客户端的浏览器。

另一种是把应用程序下载到客户端并在客户端直接访问数据库，访问 Web 数据库的客户端方法主要包括 JavaApplet，ActiveX，Plug-in 等，其中最典型的就是 JavaApplet。

第三种方式综合了以上两种方法，既在服务器端提供中间件，同时又将应用程序的一部分下载到客户端并在客户端通过 Web 服务器及中间件访问数据库。

习　题

1. 什么是面向对象数据库系统？
2. 什么是分布式数据库系统？分布式数据库系统有哪些特点？
3. 什么是数据仓库？数据仓库需要哪些关键技术？
4. 什么是 OLAP？它有哪些基本操作？
5. 什么是多媒体数据库？它有什么特点？

第十章　课内实践

说　明

1. 编写依据

本实验为《数据库原理及应用》课程的课内实验课，该课程总学时为 64 学时，其中实验为 16 学时。

本实验课是配合《数据库原理及应用》理论课而设置的实验课。

2. 实验目的、性质和任务

（1）进一步理解数据库系统的基本原理。

（2）掌握 SQL Server 2000 的基本操作。

（3）培养学生综合运用 SQL 的能力。

3. 实验内容和基本要求

实验一　SQL Server 可视化操作（2 学时）

基本要求：

① 掌握各种约束条件的作用。

② 熟悉 SQL Server 企业管理器的操作。

③ 学会用 SQL Server 企业管理器进行建数据库，建表，定义约束，向表中添加数据等可视化操作。

实验二　用 SQL 实现单表查询查询（2 学时）

基本要求：

① 掌握 SQL Server Query Analyzer（查询分析器）的使用方法。

② 熟悉查询语句的基本结构。

③ 学会用查询语句进行单表查询。

实验三　连接查询和嵌套查询（2 学时）

基本要求：

① 掌握连接查询和嵌套查询的作用。

② 熟悉连接查询和嵌套查询语句的基本结构。

③ 学会连接查询和嵌套查询的使用方法。

实验四　综合查询（2 学时）

基本要求：

① 掌握查询语句的综合运用。

② 熟悉查询语句各子句的结构。

③ 学会用查询语句的解决实际问题。

④ 理解 SELECT 语句各子句的含义及综合运用。

实验五　用 SQL 实现数据库的建立与维护（2 学时）

基本要求：

① 掌握建表、插入、删除、修改数据等语句的使用方法。

② 熟悉建表、插入、删除、修改数据等语句的结构。

③ 学会用 SQL 语句进行建表，定义约束条件，插入、删除、修改数据。

实验六　存储过程和触发器

基本要求：

① 掌握存储过程和触发器的作用。

② 熟悉存储过程和触发器的定义过程。

③ 学会存储过程和触发器的建立方法。

实验七　数据库保护（2 学时）

基本要求：

① 掌握 SQL Server 的安全机制的原理。

② 熟悉 SQL Server 的安全机制操作。

③ 学会用 SQL Server 的企业管理器进行建立登录用户、建立数据库用户，建立角色，定义用户权限，数据库备份与恢复，用 SQL 语句授权和收权。

实验八　数据库的综合应用（2 学时）

建议：测试形式考核学生综合应用的能力。

实验一　SQL Server 的可视化操作

一、实验目的

1. 了解 SQL Server 的主要功能，并熟悉 SQL Server 的启动方法。

2. 掌握用 Enterpriser Manager 建数据库、建表、定义约束，修改表结构等操作。

3. 掌握用 Enterpriser Manager 增加、删除、修改表中的数据。

4. 进一步理解数据库的实体完整性、参照完整性、自定义完整性约束条件的作用。

二、实验指南

1. 启动数据库服务

在默认情况下，SQL Server 安装完成后是没有启动数据库服务的（图 10-1），这时候用户可重启操作系统，SQL Server 一般会自动启动。

图 10-1　SQL Server 服务管理器（停止状态）

根据设置不同，是否自启动 SQL Server 数据库服务是存在差异的，没有启动的情况下可手工启动。运行"服务管理器"，打开 Windows 开始菜单，选择"所有程序"→Microsoft SQL Server→服务管理器。图 10-1 所示的状态表示数据库服务没有启动，需要手工启动。

单击 ▶ 开始/继续(S) 启动数据库服务器。如图 10-2 所示的状态表示数据库服务已经启动。

如果需要每当操作系统重启时自动启动数据库服务，则需要将"自动启动服务"选项选中，如图 10-3 所示。

图 10-2　SQL Server 服务管理器（启动状态）　　图 10-3　当启动 OS 时自动启动数据库服务

2. 进入实验环境 MS SQL SERVER 企业管理器

打开 Windows 开始菜单，选择"所有程序"→Microsoft SQL Server→"企业管理器"，如图 10-4 所示。

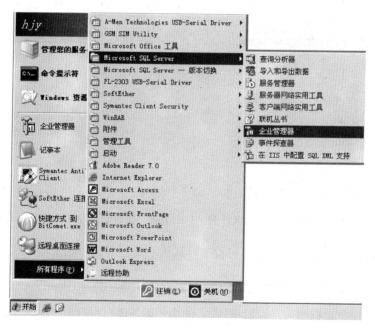

图 10-4　进入实验环境操作图

3. 新建数据库

（1）开始新建

打开 SQL Server→本机 SQL Server→数据库，在数据库上右击，选择"新建数据库"，或在操作菜单中选择，如图 10-5 所示。

（2）输入正确的数据库属性信息，如图 10-6 所示。

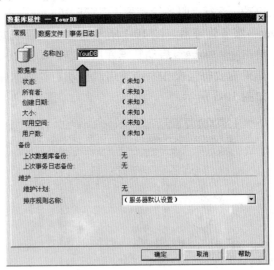

图 10-5　新建数据库　　　　　　　　　　　图 10-6　输入数据库名称

（3）选择适当的数据库数据文件存放文件夹位置，如图 10-7 所示。

（4）选择适当的数据库事务日志文件存放文件夹位置，如图 10-8 所示。

图 10-7　选择适当的数据库数据文件存放文件夹　　　图 10-8　选择适当的数据库事务日志文件存放文件夹

完成以述操作后，其他选项在本实验中可默认不变，单击"确定"按钮完成操作。

4.　新建表

（1）开始新建表

单击⊞打开指定数据库（目标数据库），选中"表"项目，右击，在弹出的快捷菜单中选择"新建表"，如图 10-9 所示。

或在操作菜单中选择，在或右栏表列表空白处右击。

（2）定义字段（属性）

在列名①中输入字段（属性）名，②数据类型可在下拉列表中选择或直接输入，③长度直接输入适当的数字，④允许空，⑤默认值：当该属性值未输入时，自动将默认值填充，如图 10-10 所示。

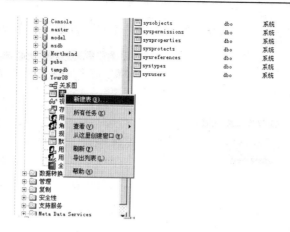

图 10-9　开始新建表

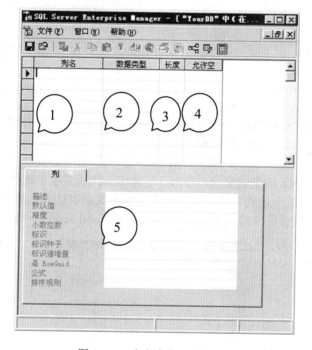

图 10-10　定义字段（属性）

（3）定义表名

完成字段定义后，单击按钮🔳，或执行"文件"|"保存"命令，输入适当的表名。表名的定义要求符合命名规则。

（4）定义主键

选中要定义为主键的字段，右击，在弹出的快捷菜单中选择"设置主键"（图 10-11），或直接单击按钮🔑。如果主键为多个字段的组，则使用 Ctrl 键与鼠标的组合来选中多个字段。

（5）定义外码

选中要定义为外码的字段，右击，在弹出的快捷菜单中选择"关系"，单击"新建"按钮。主键表：被参照表，外键表：外表字段所在的表。

选择正确的主键表，并在主键表下面的列表中选择正确的主键字段名，选择正确的外键表，并在外键表下选择正确的外键字段名。主键字段与外健字段要求类型相同，长度相同，而且要求主键字段必须在主键表（被参照表）中是主码，否则无法完成定义（图10-12）。

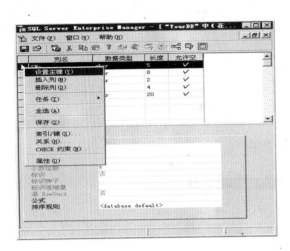

图 10-11　定义主键

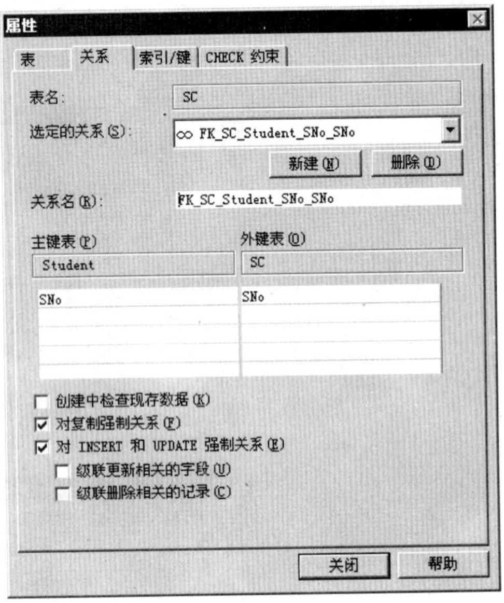

图 10-12　定义外码

关系名：外码名，一般的定义格式为 FK_外键表名_主键表名_外键字段名_主键字段名。定义完成后，单击左上角的按钮■保存。

（6）定义 Check 约束

选中要定义为 Check 约束的字段，右击，在弹出的快捷菜单中选择"Check 约束"，单击"新建"按钮。在"约束表达式"输入框中输入正确的关系表达式。如学生的成绩在 0～100 之间，表达式（学生的成绩字段为 Score）为 Score >=0 and Score <=100（图10-13）。

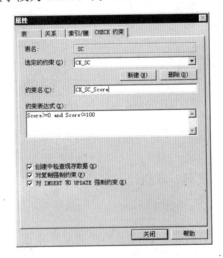

图 10-13　定义 Check 约束

约束名的一般格式为 CK_表名_字段名。单击左上角的按钮■保存。

（7）修改表结构

选中要修改结构的表，右键在弹出的快捷菜单中选择"设计表"（或在操作菜单中选择），然后对表中数据进行如下操作。

打开表：选中要打开数据的表，右键在弹出的快捷菜单中选择"打开表"→"返回所有行"（或在操作菜单中选择）。

录入数据：在表格的空白处直接输入即可。

修改表中的数据：直接在要修改的单元格中修改即可，若字段类型为 Char，则其内容后面的空格可能造成数据长度过长，应先将空格删除。

删除表中的一行数据：将要删除的一行选中（图 10-14），右击在弹出的快捷菜单中选择"删除"。

图 10-14 选中一行数据

删除表中的多行数据：使用 Ctrl 键与鼠标的组合选中多行数据，右击在弹出的快捷菜单中选择"删除"。

三、实验内容

1. 启动 SQL Server，进入企业管理器。

2. 建立图书读者数据库，并存于 D 盘自建的目录。

3. 建立图书表、读者表、借阅表，表结构如下所示。

图书（书号，类别，出版社，书名）

读者（读者编号，姓名，单位，性别，电话）

借阅（书号，读者编号，借阅日期，归还日期）

4. 上述各表属性类型及宽度自定（要求为属性选择合适的数据类型，长度，是否为空和默认值），定义每个表的主码（上述表中有下划线的属性）。

5. 给"图书"表增加"价格，作者，出版日期"3 个属性，其中价格类型为数值型，小数位数是 2 位，作者为字符型，出版日期为字符型。

6. 定义约束：实现读者性别只能是"男"或"女"的检查约束，实现图书的定价不能为负数的检"查约束，借阅表与图书表、借阅表与读者表的外码约束，即实现借阅表中的参照完整性约束。

7. 分别在 3 个表中输入不少于 5 条记录的数据，内容自定，输入数据时观察实体完整性、参照完整性、自定义完整性约束的效果。

8. 分别对 3 个表中的数据进行删除，修改操作，修改数据时观察约束的效果。

四、思考题

假设图书表、读者表、借阅表中分别存在以下数据，见表 10-1~表 10-3。

表 10-1 图书表

书号	类别	出版社	书名
B001	社会科学	上海外国语大学出版社	新世纪英语

书号	类别	出版社	书名
B010	自然科学	科学出版社	人与自然
B3869	自然科学	浙江大学出版社	数字温州

表 10-2 读者表

编号	姓名	单位	性别	电话
D0010	李芳	温州大学	女	13968678965
D1234	张一飞	浙江大学	男	13957712345
D8888	张学志	香港中文大学	男	13985812345

表 10-3 借阅表

书号	读者编号	借阅日期	归还日期
B001	D1234	2005-10-16	2006-01-02
B3869	D1234	2006-02-21	
B001	D8888	2006-03-11	

试回答下列的操作是否正确，为什么？

（1）在借阅表中录入如下内容。

B010	D9999	2005-03-11	005-11-10

（2）将图书表中下面的一行内容删除。

B3869	自然科学	浙江大学出版社	数字温州

（3）将图书表中下面的一行内容删除。

B010	自然科学	科学出版社	人与自然

（4）将读者表中编号为"D0010"改为"D1000"。

（5）将读者表中编号为"D1234"改为"D4321"。

实验二 单表查询

一、实验目的

1. 掌握 SQL Server Query Analyzer（查询分析器）的使用方法。
2. 掌握用 SQL 对数据库中的数据进行简单查询操作。

二、实验指南

1. 附加数据库

（1）进入 SQL Server 2000 企业管理器。

（2）在数据库栏右击，选择所有任务，选择附加数据库（图 10-15）。

（3）在本机的指定目录下选择工程零件_Data.MDF 文件，如图 10-16 所示。

（4）单击"确定"按钮（开始附加数据库），即可。

2. 查询分析器的使用

（1）打开查询分析器

打开 Windows 开始菜单，选择"所有程序"→Microsoft SQL Server→查询分析器，如图 10-17 所示。

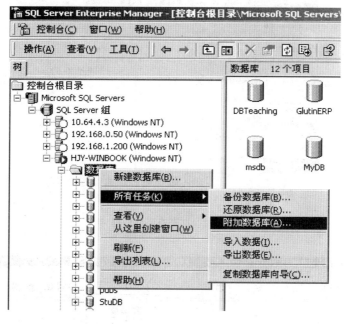

图 10-15　开始附加数据库

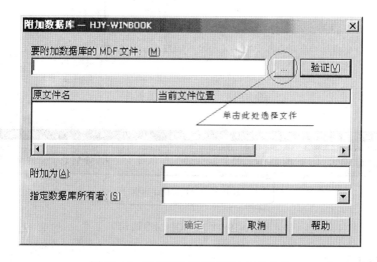

图 10-16　选择附加数据库的 MDF 文件

（2）选择适当数据库查询

如果当前的数据库不是实验环境要求的数据库，可以通过单击下拉列表选择适当的数据，如图 10-18 所示。

（3）编辑 SQL 命令语句

将正确的 SQL 命令语句输入 SQL 查询分析器的编辑框中，使用方法可参考记事本。编辑 SQL 命令语句，语句结束不需要分号";"，如图 10-19 所示。

图 10-17　打开查询分析器

图 10-18　选择适当的数据库

图 10-19　编辑 SQL 命令语句

（4）执行 SQL 语句

　　执行当前 SQL 查询分析器的编辑框中的所有命令语句：单击按钮 ▶，或在"查询"菜单中选择"执行"，或按 F5 键。查询结果将命令下方显示。

　　单条 SQL 命令语句执行：选中当前要执行 SQL 命令语句，单击按钮 ▶，或在"查询"菜单中选择"执行"，或按 F5 键。查询结果将命令下方显示。

　　多条 SQL 命令语句执行：参考"单条 SQL 命令语句执行"。

三、实验内容

1. 将教师指定的两个文件（工程零件_Data.MDF 和工程零件_Log.LDF）复制至自己机

器的 D 盘自建的文件夹中。

已知各表结构如下所示：

供应商（供应商代号，姓名，所在城市，联系电话）

零件（零件代号，零件名，规格，产地、颜色）

工程（工程代号，工程名，负责人，预算）

供应零件（供应商代号，工程代号，零件代号，数量，供货日期）

2. 查询供应商王平的基本信息，在空白处完成 SQL 命令语句，并记录运行结果。

3. 找出天津供应商的姓名和电话，在空白处完成 SQL 语句，并记录运行结果。

4. 查找预算在 50000～100000 元之间（含）的工程的信息。

5. 查询所有姓"王"的供应商的姓名、电话、所在城市。

6. 找出使用供应商代号为 s1 所供的零件代号为 P3 的工程代号。

7. 查询供应商代号为 s1 的供应商在 2001 年以后的供货情况，包括工程代号、零件代号、数量、供货日期。

8. 找出所有上海产的红色零件的零件名称。

9. 查询使用了零件代号为 P1 或 P3 零件的工程代号。

四、思考题

1. 写 BETWEEN A AND B 的等效关系表达式。

2. 举例说明 DISTINCT 的作用。

实验三 连接查询和嵌套查询

一、实验目的

1. 掌握用 SQL 对数据库中的数据进行统计查询。

2. 进一步熟悉 SQL Server 2000 查询分析器的使用方法。

二、实验指南

参考"实验二 单表查询"。

三、实验内容

1. 将教师指定的两个文件（工程零件_Data.MDF 和工程零件_Log.LDF）复制至自己机器的 D 盘自建的文件夹中。

已知各表结构如下所示。

供应商（供应商代号，姓名，所在城市，联系电话）

零件（零件代号，零件名，规格，产地、颜色）

工程（工程代号，工程名，负责人，预算）

供应零件（供应商代号，工程代号，零件代号，数量，供货日期）

2. 查询供应商总人数。

3. 查询供应商代号为 s1 的供应商的供货次数。

4. 查询所有工程的平均预算、总预算。

5. 查询各工程的工程代号、平均预算、总预算。

6. 汇总各种零件的供应情况，包括零件代号、零件名，总数量。

7. 查询各工程的工程代号及所使用的零件总数量、总次数，并按零件总数量的升序排序。

8. 查询使用了 10 个以上零件的工程代号。

9. 查询使用零件数量最多的工程代号。

10. 查询使用了零件代号为 p3 的零件的工程代号、工程名。

11. 查询使用了上海供应商供应的零件的工程代号。

12. 找出工程代号为 j2 所使用的各种零件的名称及其总数量。

13. 查询使用了蓝色零件的工程代号（要求分别用连接查询和嵌套查询两种方法）。

14. 查询姓"王"的供应商的供货信息，包括零件代号、零件名、数量、供货日期 7、查询没有使用天津产的零件的工程代号。

15. 查询没有使用天津产的零件的工程代号。

16. 查询使用零件数量最多的工程代号、工程名。

四、思考题

1. 第 2 题如改为查询供货的供应商总人数，则该如何操作？

2. 通过实例比较 WHERE 与 HAVING 的不同用法。

3. 第 11 题如果用连接查询是否需要加 DISTINCT，为什么？

4. 第 15 题能否用如下语句实现？为什么？

SELECT DISTINCT 工程代号 FROM 供应零件,零件 WHERE 零件.零件代号=供应零件.零件代号 AND 产地<>'天津'

实验四 综合查询

一、实验目的

1. 掌握用 SQL 对数据库中的数据进行各种不同要求的查询。

2. 进一步理解 SELECT 语句各子句的含义及用法。

3. 提高用 SQL 查询语句解决实际问题的能力。

二、实验指南

参考"实验二 单表查询"。

三、实验内容

1. 将教师指定的两个文件（工程零件_Data.MDF 和工程零件_Log.LDF）复制至自己机器的 D 盘自建的文件夹中。

已知各表结构如下所示。

供应商（供应商代号，姓名，所在城市，联系电话）

零件（零件代号，零件名，规格，产地、颜色）

工程（工程代号，工程名，负责人，预算）

供应零件（供应商代号，工程代号，零件代号，数量，供货日期）

2. 查出每个供应商分别给几个工程提供了零件，分别列出供应商代号和工程数量，结果用视图的形式给出。

3．查询所在地在"上海"的供应商姓名及电话，结果用视图的形式给出。

4．查出哪些工程使用过蓝色的零件，列出工程名，结果用视图的形式给出。

5．供应商（代号）S3 发现已供应给各工程的所有零件存在质量问题，想找各工程负责人商议补救办法。请列出相关的工程代号，工程名及负责人名单。

6．查询哪些供应商没有给工程代号为 J2 的工程供应零件，请列出供应商号。

7．统计各工程分别用了几个 P3 零件。

8．查询"胡胜利"（供应商名）最近一次供货的时间，并查出相关的工程号。

（提示：日期可以比较大小，2006 年 3 月 15 日大于 2006 年 3 月 14 日）

四、思考题

查询没有使用天津产的零件的工程代号，试比较下述两个语句，并判断正确性。

1．SELECT DISTINCT 工程代号 FROM 供应零件 WHERE 零件代号 NOT IN (SELECT 零件代号 FROM 零件 WHERE 产地='天津')

2．SELECT 工程代号 FROM 工程　WHERE 工程代号 NOT IN (SELECT 工程代号 FROM 供应零件 WHERE 零件代号 IN　(SELECT 零件代号 FROM 零件 WHERE 产地='天津'))

实验五　用 SQL 实现数据库的建立与维护

一、实验目的

1．掌握 SQL 的数据定义功能。

2．进一步掌握 SQL Server Query Analyzer（查询分析器）的使用方法。

二、实验指南

参考"实验一和实验二"。

三、实验内容

1．启动 SQL Server，进入企业管理器。

2．建立一个数据库，数据库名为自己的姓名，并存于 D 盘自建的文件夹中。

3．进入查询分析器，用 SQL 建立学生表、课程表、选课表，表结构如下所示。

学生（学号，姓名，性别，出生日期）

课程（课程号，名称，学分）

选课（学号，课程号，成绩）

上述各表的属性类型及宽度自定（要求为属性选择合适的数据类型，长度，并且姓名不能为空，性别的默认值为"男"，成绩为 0～100），定义每个表的主码，主码为有下划线的属性，并将选课表中的学号与学生表中的学号建立关联，选课表中的课程号与课程表中的课程建立关联）。在空白处完成 SQL 语句。

4．用 SQL 语句在"学生"表中增加"电话"属性。

5．用 SQL 语句分别在三个表各输入不少于 3 条记录的数据，内容为自己及同学的信息。

6．用 SQL 语句实现每门课的学分加 1 分。

7．用 SQL 语句建立平均成绩表（学号，平均成绩），内容为每个学生的平均成绩。

8．用 SQL 语句删除自己的所有信息（包括选课信息）。

四、思考题

1．删除学生表中的所有信息，试写出 SQL 语句，执行结果如何，为什么？

2．更新某人的成绩，更新公式为：新成绩=新成绩 ＊(1＋10%)，能否采用下列语句，为什么？并完成正确的 SQL 语句操作。

UPDATE 选课，学生 SET 成绩 ＝ 原成绩 ＊1-1 WHERE 姓名 ＝'某人姓名'

实验六　存储过程和触发器

一、目的和要求

1．掌握存储过程的使用方法。

2．掌握触发器的使用方法。

二、实验准备

1．了解存储过程的使用方法。

2．了解触发器的使用方法。

3．了解逻辑表的使用。

准备工作：附加数据库'员工管理'。

表结构如下所示。

员工（员工编号，姓名，年龄，联系方式，部门，工龄）

工资（员工编号，收入，支出）

部门（部门编号，部门名称，备注）

三、实验内容

第一部分　存储过程

（1）创建存储过程 p1。检查编号为"000001"的员工是否存在，如果存在，显示该员工的所有信息，如果不存在，显示"该员工不存在!"。

（2）创建存储过程 p2。根据职工编号检查该员工是否存在，如果存在，显示该员工的所有信息，如果不存在，显示"该员工不存在!"。

（3）调用该存储过程 p2，检查编号为"108991"的员工是否存在。

（4）创建存储过程 p3，根据职工号比较两个员工的实际收入，输出实际收入较高的员工的职工号。并调用该存储过程比较'000001'、'108991'的实际收入。

（5）创建存储过程 p5，通过该存储过程可以添加员工记录。

（6）删除所有的存储过程。

第二部分　触发器

（1）创建触发器 t1，当向员工表中插入或修改一条记录时，通过触发器检查记录的部门编号值在部门表示是否存在，如果不存在，则取消插入或修改操作。

（2）创建触发器 t2，当修改员工表中员工编号字段值时，该字段在工资表中的对应值也进行相应修改。

（3）创建触发器 t3，当删除部门表中一条记录的同时删除该记录部门编号字段值在员工表中对应的记录。

（4）创建 ddl 触发器 t5，当删除员工管理数据库的任意一个表时，提示'不能删除表'，并回滚删除表的操作。

（5）创建触发器 t6，当修改员工时，如果将员工表中员工的工作实践增加 1 年则月收入增加 500，增加 2 年则增加 1000，以此类推。

（6）删除触发器 t1，t2，t3，t4，t5，t6，t7。

四、思考题

描述你对存储过程和触发器的使用感受。

实验七　数据库保护

一、实验目的

1. 掌握利用可视化的方式创建备份设备。
2. 掌握利用可视化的方式进行备份和恢复操作。
3. 掌握用 T-SQL 语句对数据库进行完全备份和差异备份和恢复操作。
4. 掌握利用可视化的方式实现数据库的安全管理。
5. 掌握用 T-SQL 语句实现数据库的安全管理。

二、实验准备

附加'员工管理数据库'。

三、实验内容

第一部分　备份和恢复

1. 使用 T-SQL 语句创建一个命名的备份设备，dbbak，并将数据库完全备份到该设备。
2. 使用 T-SQL 语句创建一个备份设备 test，并备份数据库的事物日志。
3. 使用 T-SQL 语句将数据库使用差异备份方法备份到 dbbak 中。
4. 使用 T-SQL 语句恢复整个数据库。
5. 使用事物日志恢复数据库。

第二部分　安全性管理

1. 使用 T-SQL 语句创建 Windows 身份模式的登录名 w_user。
2. 使用 T-SQL 语句创建 SQL Server 登录名 sql_user。
3. 使用 T-SQL 语句创建数据库用户 myuser(登录名为 sql_user)。
4. 使用 T-SQL 语句将 sql_user 用户添加到固定数据库角色 db_owner 中。
5. 使用 T-SQL 语句创建自定义数据库角色 myrole。
6. 使用 T-SQL 语句授予用户 myuser 在数据库上的 create table 权限。
7. 使用 T-SQL 语句授予用户 myuser 在数据库上工资表中的 select 权限。
8. 使用 T-SQL 语句拒绝用户 myuser 在部门表上的 delete 和 update 权限。
9. 使用 T-SQL 语句撤销用户 myuser 在工资表上的 select 权限。

四、思考题

1. 分离数据库和删除数据库有何不同？
2. 如果要将实验室中某台计算机中的某个数据库复制到指定计算机中，该如何操作？

参 考 文 献

[1] 苗雪兰. 数据库系统原理及应用教程. 3 版. 北京：机械工业出版社，2011.

[2] 萨师煊. 王珊. 数据库系统概论. 3 版. 北京：高等教育出版社，2006.

[3] 王珊. 数据库系统简明教程. 北京：高等教育出版社，2004.

[4] 李代平，章文，张信一. 中文 SQL Server 2000 数据库应用开发. 北京：冶金工业出版社，2002.

[5] 杨冬青. 全国计算机等级考试三级教程:数据库技术. 北京：高等教育出版社，2002.

[6] 郑阿奇. SQL Server 使用教程. 3 版. 北京：电子工业出版社，2010.

[7] 赫尔南德兹. 数据库设计入门经典. 北京：中国电力出版社，2008.

[8] 何玉洁. SQL SERVER 2000 开发与应用. 北京：机械工业出版社，2006.

[9] 肖健，薛凤武，吴静. SQL Server 2000 实践与提高. 北京：中国电力出版社，2009.

[10] 闪四清. SQL Server 2000 系统管理. 北京：清华大学出版社，2010.

[11] 徐人凤，曾建华. SQL Server 2000 数据库及应用. 北京：高等教育出版社，2011.

[12] 陈涛. 数据库系统工程师-SQL Server 2000. 北京：机械工业出版社，2008.

[13] 范立南. SQL Server 2000 实用教程. 北京：清华大学出版社，2005.